学んでみると
自然人類学
はおもしろい

Mamoru Tomita
富田 守 編著

Kazuo Maie　Shinji Harihara
真家和生　針原伸二　著

はしがき

私は約50年間、半世紀にわたって自然人類学の研究および教育に携わりましたが、その間、人類学あるいは自然人類学の科目担当者として、多くの大学で講義を行ないました。そして、その講義内容の概要を、『人類学レクチャー』として2006年と2008年にまとめました。その中には、長年にわたる自然人類学の研究成果の他、それから得られた新しいビジョンが含まれています。

その後、人類学はこれまで過去から現在までの人類について研究してきたのですが、そこで得られた成果を紹介することの他に、得られた研究成果を基にして、未来の人類についても考察を広げることが重要ではないかと考えるようになりました。それで、「これからの人類」を考える章を新たに加えたものを、『人類学の人間観―温故知新の人類学―』として、2011年にふたたび小冊子にまとめました。

今回、ベレ出版、坂東一郎氏のご尽力で、その小冊子をさらに発展させた本書を出していただけることになりました。書名も、自然人類学であることがはっきりするものになりました。また、本の内容を充実させるため、さらに真家和生および針原伸二の二人の先生方に執筆者として加わって頂きました。従って、本書の執筆者は、序章〜第3章および第6章と終章は私、富田守、第4章〜第5章は真家和生、第7章〜第9章は針原伸二です。なお、第10章は、富田守、真家和生、針原伸二の三人が共同で執筆しました。

本書の出版にあたり、お世話になったベレ出版の方々に心からの感謝を申し上げます。同時に、本書を読んでくださった方々が、自然人類学の持つビジョンや、独特のおもしろさに気付いていただければと願っております。

著者代表　富田　守

もくじ

序　　章

人類学とは？ 自然人類学とは？

序章　人類学とは？　自然人類学とは？

私たちが人と接する時、最初は相手のことがよくわかりません。しかし、自己紹介され、話を聞き、親しく付き合ってみると、その人の意外な面を知って結構おもしろい人だなと思ったりします。

それと同じように、自然人類学という学問についても、最初は化石や進化を扱う古臭い学問のイメージしかないかもしれませんが、自己紹介され、話を聞き、その多彩な内容やビジョンに付き合ってくだされば、最初とはかなり違った印象を持っていただけるようになるでしょう。

しかし、自然人類学を紹介するにあたり、まず人類学という学問を知って頂きたく思います。自然人類学は、あくまでも人類学という学問の下位領域だからです。そこで、本章では、まず人類学と自然人類学について自己紹介をします。そのあと、人類学や自然人類学を支えている、学問の一般的な原理について説明をしましょう。

人類学と自然人類学

人類学は元々人類についての知識が整理統合されて出来上がった学問で、研究対象の統合性を重視し、本来一つのものである人類の自然（身体）と文化（生活）を、総合的に扱う学問です。そして、人類学の定義は次のようなものになります。

人類学とは、文化を持った生物種としてのヒトの本質、由来（進化）、多様性（変異）を、あらゆる科学的な手法で解明し、ヒトとは何か？　を明らかにする学問（科学）です。

この人類学の定義には、人類学の研究対象（文化を持った生物種としてのヒトの本質、由来、多様性）、研究方法（あらゆる科学的な手法）、研究目的（ヒトとは何か？　を明らかにする）が組み込まれています。

また、学問には独自性も重要で、人類学の独自性は、ヒトを、文化を持った独特の生物種として見ることや、常に集団を扱うことなどが挙げられます。また、ヒトを自然史のなかで考えることも挙げられるでしょう。

なお、社会的な面については、人類学は社会的ニーズにも多少は応えていて、学会活動や学術的成果の出版なども活発ですが、人類学の専門的教育・研究を行なう大学や研究所が少なく、学生や研究者の数も少ないことが問題点です。

人類学は、次のように自然人類学と文化人類学の2大領域から成ります。

自然人類学……人類を生物種としてとらえ、おもに人類の身体的側面を自然科学的手法で研究する学問。

文化人類学……さまざまな民族の生活文化を、社会・人文科学的手法で研究する学問。

自然人類学には形態人類学、遺伝人類学、生理人類学、生態人類学の4分野があり、文化人類学には先史考古学、民族学、社会人類学、言語人類学、心理人類学の5分野があります。しかし、自然科学的手法を使う一部の先史考古学は、自然人類学に含めています。

ところが、近年の日本では文化人類学の独立傾向が強まったため、人類学はイコール自然人類学だと思われるようになりました。これは人類学の本来の理念に反しており、学問論的に大きな問題点を生み出しています。

ところで、現生生物種としての人類を表す時には、カタカナで「ヒト」と記します。そして、ヒトは、学名ではホモ・サピエンス（*Homo sapiens*）と言います。2011年秋、地球上にいるヒトは70億人（推計）を超えました（2011年…中国13・476億人、インド12・415億人、アメリカ3・131億人。日本は第10位で1・265億人）。

ヒトの居住域は全世界で、宇宙にも進出する気配を見せているユニークな生物種です。

本章では自然人類学の学問的位置づけについて述べましたが、その考え方は、学問についての基本的な考え方に基づいています。従って、学問について知ることは大切なことです。

では、学問の原理や、学問が成立するために必要な要件とは、どんなものでしょうか？ごく手短に述べてみましょう。

人類は長い歴史の中で、多くの知識を獲得してきました。積極的に探究して得た新しい知識も数多くあります。それらの多くの知識が分類、整理、統合されたものが、多くの学問です。

身体が多くの細胞から出来ているように、学問を造りあげているのは多くの知識です。

また、身体では細胞が集まって組織になり、各種の組織がまとまって器官になり、さらに器官が集まって器官系、そして個体にまで順次統合され、まとめ上げられているように、知識群についてもそれらが階層的に組織化され、整理統合されて、それぞれの学問を形づくっているのです。

ある学問を構成する知識群が、客観性、実証性、再現性、法則性、普遍妥当性などの科学的な性質を持っている場合、その学問は科学と呼ばれます。人類がかかわる環境には、自然、社会、精神の3種類がありますので、それぞれの環境と人類とのかかわりに関する科学的な知識統合体は大きく3群になり、それぞれを自然科学、社会科学、人文科学と呼んでいます。そして、それぞれの科学は、特有の研究手法を発達させています。

また、学問は社会とは無関係に存在することはできません。社会の容認が必要です。現代文明社会においては、学問は社会の中の制度の一つとして存在し、社会組織の一部として組み込まれており、また、社会の有する文化の一部になっています。そして、その学問の研究成果は社会のニーズに応えるものでなければなりません。

学問は社会から認められることによって存在しうるのですが、それには、学問理論面の整備と、社会的な制度、組織面の整備が必要です。

学問の理論面の整備については、内部の領域構造や体系がしっかりと存在し、目的、対象、方法、定義、独自性などが明確である必要があります。

学問の社会的な制度、組織面の整備については、社会の教育・研究制度として組み込まれた、大学の学部や学科、大学院や研究所などの組織が認可され、成立し、存続することが重要です。さらに、施設や経費等も必要です。そして、そこには、学問の研究、教育を職業とする教職員と、その学問を学ぶ学生がいなければなりません。

さらに、研究成果を社会に公表する場として、学会を設立し、学術雑誌を発行することも重要です。学会が法人として認可されたり、学術会議に参加を許されたりすることも、その学問が社会的に認められたことを示す証拠と考えられます。

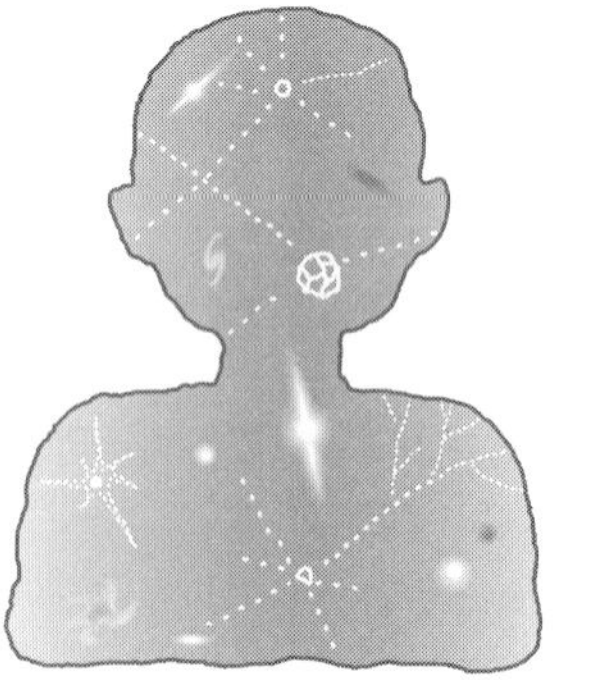

第 1 章

宇宙と生命の起源と進化

第1章 宇宙と生命の起源と進化

私たちの身体を形成している成分は、たくさんの元素です。それらの元素は、宇宙が出現し、その結果生まれたたくさんの星星が、燃焼したり爆発したりする中で出来たものです。だから、私たちの身体は星くずで出来ているという言い方もされます。そういうわけで、私たち人類の由来を探る旅は、宇宙の出現にまでさかのぼることになります。

宇宙が生まれたあと、条件のいい地球という惑星で、生命という特殊な物質が生まれました。生命は進化を繰り返し、その結果、私たちが存在することになったのです。

本章ではその大まかなプロセスをたどりますが、そこで見えてきたものは、宇宙も生命も自分を維持し存続させようとする本質的な働きでした。

宇宙の起源

今から約137億年前、無のゆらぎの高まりからエネルギーが噴き出し、爆発的に巨大な宇宙が出来たと考えられています。そんなことは、まったく実感がない現象のように思うかもしれませんが、実は私たちは、日常生活で似たような現象を知っています。それは、煮えたぎるヤカンのお湯の中から、突然、泡が底からブクブクと湧き上がってきたり、冬の冷え切った空中から、突然、小さな雪の小片がキラキラと輝きながら現れたりする現象です。この巨大な宇宙が何も無い所から突然生まれてきたということも、それらと似た現象ですが、一度も見たことがないし、そのからくりも知らないので、実感が無いのでしょう。

最初のエネルギーの奔流の中で、たくさんの素粒子とその反粒子が出来ました。両者は出会って、大部分は光になって消えてしまいましたが、非対称性によって、一部の素粒子は生き残りました。生き残った素粒子は、膨張しながら次第に冷えてくる宇宙の中で、相互に結合して陽子や中性子になり、それらはさらに結合して原子、分子を造っていきました。こうして、宇宙における空間と、その中にある物質が出来たのです。この宇宙の構成

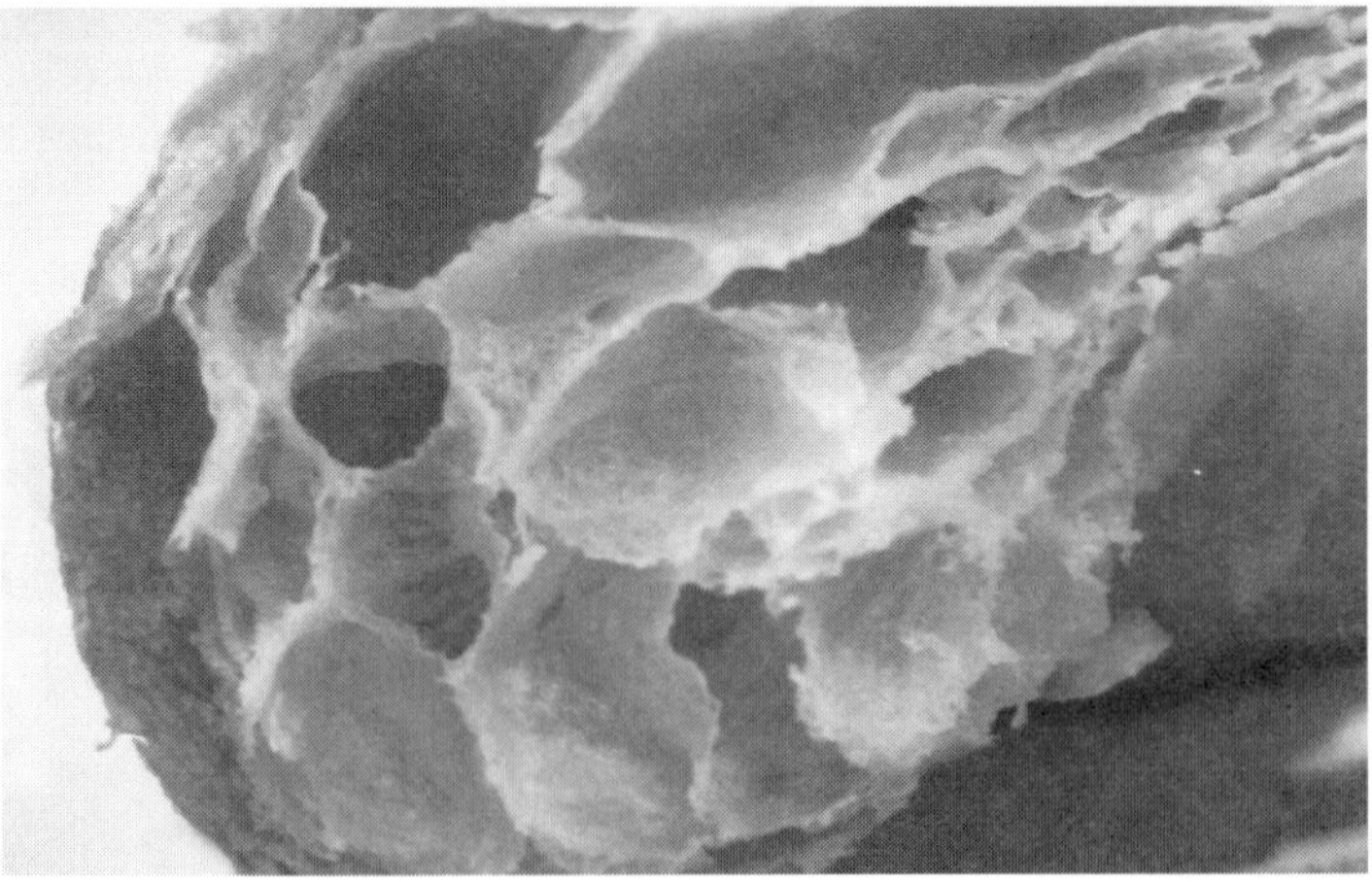

図１・１　宇宙は多くの泡がひしめいている姿、もしくは蜂の巣状やスポンジ状の姿としてイメージされています。泡の膜部分には、無数の星星で出来た数千億の銀河があります。

成分は、元素などの既知の物質はたった4％しかなく、未知の物質のダークマターが23％もあり、また、ダークエネルギーが73％も占めています。その他に、宇宙の出現とともに様々な変化が生じたことによって、時間の流れも出来ました。

物質の凝集は銀河を生み出し、その内部に無数の光り輝く星星を生み出しました。一方で、銀河は宇宙の大規模構造を造っていきました。さらに、星星のライフ・サイクルの中で、たくさんの種類の元素が造られていったのです。鉄よりも重い諸元素は超新星爆発の中で出来ました。また、星形成の残余物質から惑星や衛星が出来たのです。

これらすべての中で、プロセス、組織化、分化などの色々な変化が起こっており、すべては宇宙ができるだけ長く安定的に続くような方向に向っていると考えられます。まるでそうなるように物理定数や法則が決められているようです。

宇宙そのものが極めて巨大で、しかも長い間存続するためには、物質の最小単位粒子の質量はかなり小さな値でなければなりませんし、宇宙存続に関係する宇宙定数はもっと遥かに小さな値でなくてはなりませんが、それらの値は実際にそうなっています。

また、宇宙にある物質の粒子間には重力が働いています。重力の大きさはお互いの粒子の質量を掛け合わせ、さらに重力定数を掛けたものですが、この定数は、粒子の質量に比べて、ものすごく小さな値をとっています。だから、重力は大変弱い力です。そのため、星は大きくなって、中心部に核融合反応が生じるほどの物質の集積が可能になるのです。

星が巨大になれて光り輝くことができること、しかも、燃やす物質が多いので長い年月光り輝くことができるのは、この重力定数が極端に小さいことによります。こうして、長い寿命を持つ星星が宇宙に存在することになりました。

星が核融合反応によって燃える中で、たくさんの種類の原子核が形成されますが、陽子と中性子が安定的に結合して多様な原子核を造れるように、原子の内部粒子の質量や、それらの間に働く力の大きさが決められています。

すなわち、宇宙の物質を構成する4種類の粒子（陽子、中性子、電子、ニュートリノ）の質量の値や、それらの間に働く4種類の力（重力、電磁気力、強い力、弱い力）の数値は、この宇宙にある物質が安定的に存在できるように決められているようです。つまり、私たちの宇宙は、できるだけ長く自己維持、自己存続できるように造られているらしいのです。まるでそうなるように各種の物理定数や法則が決められているようです。この、宇宙が持っている本質を「自己存続の原理」と言うことにしましょう。

生命の起源

さて、そういう私たちの宇宙にある無数の銀河の一つ、天の川銀河で、約46億年前に太陽系が誕生し、その第三惑星として、半径が約6400キロメートルあり、表面に大気を持つ岩石惑星の地球が出来ました。地球は太陽から約1億5000万キロメートルの距離にあって、水星や金星のように暑過ぎず、また、火星よりも遠い惑星のように寒過ぎず、水が気体や固体のみならず液体の状態でも存在しうる惑星です。その結果、地球には広大な海が出来ました。

水の中には、隕石の落下や噴火、雷雨その他の自然現象で出来た豊富な有機化合物が溶け込みましたが、それらを材料にして次第に複雑な高分子化合物が発達し、ある時、生命活動をする特殊な物質系が発生したと考えられます。一般論としては、熱い太陽と冷たい宇宙空間との間にあるエネルギーの定常的な流れを利用して複雑な分子形成が行なわれ、生命が自らを組織化し、進化していったらしいのです。

生命活動の痕跡は、約38億年前の岩石に残されています。その頃、深海底の熱水噴出孔などで、最も簡単な生命体であるバクテリア類（原核細胞）が生まれました。バクテリアそのものの化石は、約35億年前の岩石の中に見つかっています。それが自己存続の原理のもとに進化して、次第に複雑・高度な生命体へと進化していきました。約27億年前には光合成をするバクテリアが現れました。また、約21億年前には、細胞核を持つ生命体（真核細胞）が出来ていました。そして、真核細胞は線状に連なり、面状に広がり、約10億年前には立体的な多細胞生物へと発展しました。また、約5・5億年前には硬い骨格を持った生物も現れました。立体的な多細胞生物になると、身体の内部の細胞まで十分な酸素や養分を送らなければならないので、血管などの循環系が出来たと考えられます。

地球の表層は十数枚の大きな岩板プレートで覆われていますが、プレートの沈み込み帯では活発な火山活動が起こり、噴出された軽い物質は沈み込み境界に堆積しました。そして、その堆積物がたくさん集まって大陸が形成されたのです。こうして、広大な海と新しく出現した大陸で形成された、地球の表面が出来ました。次第に成長した大陸はプレートに乗って移動し、集まって巨大な大陸を形成したり、小さな大陸にバラバラに分裂したりしました。そして、何億年もの周期で、何度も離合集散を繰り返してきました。

海の中で最初に進化した多細胞生物は藻類でしたが、その後、たくさんの生物が進化してきました。それらの生命体は海の中で生き、多種多様な種を進化させました。それが、

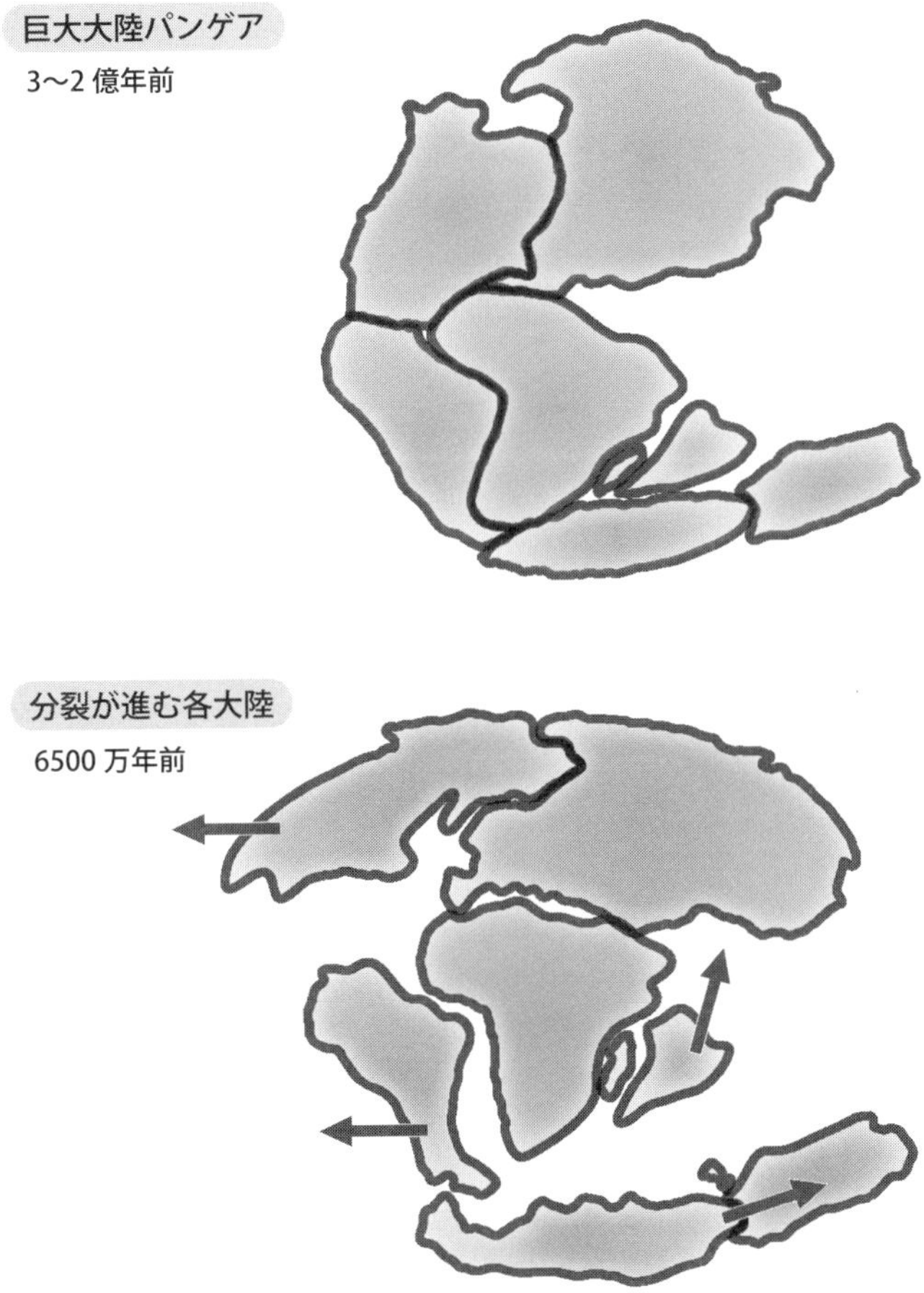

図1・2　　現在の世界は、3～2億年前に大陸片が集まって巨大大陸パンゲアを造ったあと、ふたたびばらばらに分裂して出来上がったと考えられています。

葉緑体を持った植物や、植物を餌にする動物です。動物には他の動物を食べるものもいました。動物はほとんどが海中の無脊椎《むせきつい》動物でしたが、その一部に、脊椎《せきつい》の原型である脊索《せきさく》を持った動物も含まれていたのです。

その後、植物は太陽の光を求めてシダ類として陸の上に進出し、植物を餌にする無脊椎動物も植物のあとを追って、陸上に進出していきました。しかし、植物や無脊椎動物は私たちに繋がらない生物です。私たちに繋がった生物は、脊椎動物のほうでした。

脊椎動物の進化

約5億年前には、新しいタイプの動物、すなわち、原始的な脊椎動物である無顎類《むがくるい》の魚類（化石としてはピカイア、現生のものとしてはナメクジウオなど）が海の中に現れていました。無顎類は進化して顎骨《がくこつ》がある棘魚類《きょくぎょるい》や板皮類《ばんぴるい》などの有顎《ゆうがく》の魚類を生み出し、その後、軟骨魚類やたくさんの硬骨魚類を生み出しました。そして現在に至ります。

ある時、水辺に棲む硬骨魚類の一部のもの（肉鰭類《にくきるい》、内鼻孔《ないびこう》魚類とも言います）が陸に這い上がって、空気呼吸ができる肺と身体を支える四肢を持った原始両生類に進化しまし

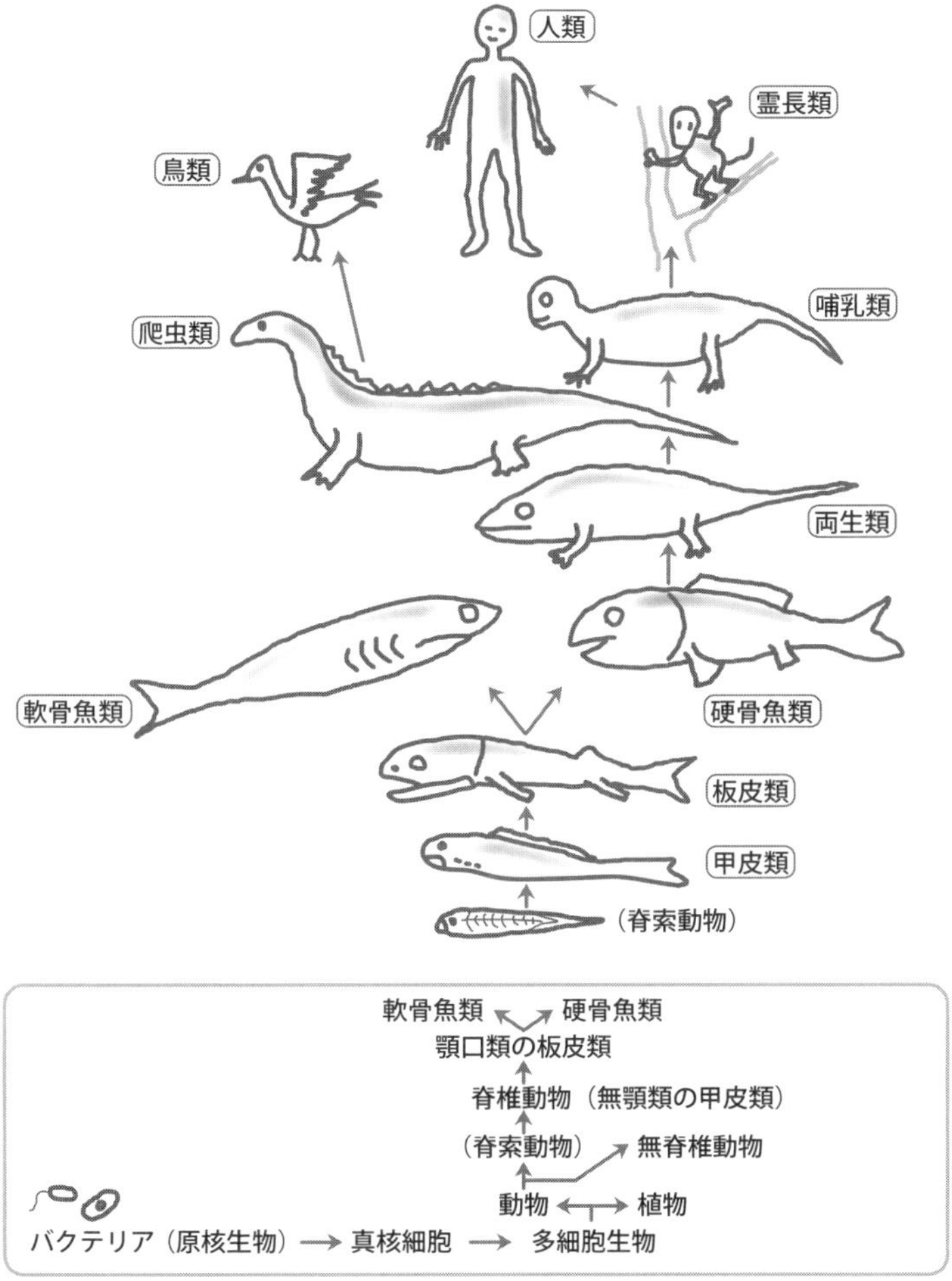

図1・3　バクテリアから人類までの進化の道筋。進化の順序は、地層が順次積み重なるように、下から上へと示されています。

た。両生類はさらに進化して、陸上の乾燥に耐える皮膚を持ち、水に浸った胚《はい》を羊膜《ようまく》で包み卵殻《らんかく》で保護する有羊膜卵《ゆうようまくらん》を産む爬虫類を生み出しました。

初期爬虫類の仲間から進化した哺乳類や、爬虫類の進化の中で生まれた鳥類は、爬虫類の大発展の中で目立たない存在でした。そして、約6500万年前に大隕石の落下による大型爬虫類の絶滅があり、その後、哺乳類や鳥類が発展したのです。

シンプソン（G. G. Simpson）によれば、脊椎動物の進化は、水中で最初の無顎類が真の魚類に当たる棘魚類や板皮類のような顎口類《がくこうるい》に進化し、その後、硬骨魚類と軟骨魚類の二つの大きなグループに発展しましたが、陸上の脊椎動物も、最初の両生類が進化して確立型の爬虫類になり、その後、鳥類と哺乳類の2大グループが発展したと述べています。

すなわち、脊椎動物の進化においては、水中と陸上の各々で、初期型から確立型へ、そして2グループの発展型に進化するという大きな流れがあるようです。水中における初期型は無顎類で、顎口類である棘魚類や板皮類などが確立型、軟骨魚類と硬骨魚類は発展型と考えられます。また、陸上では、両生類が初期型で、爬虫類は確立型、哺乳類や鳥類は発展型ということになります。

そして、哺乳類の中でも樹上生活に適応したグループの霊長類がさらに進化を遂げ、約

700万年前に、直立姿勢をとる霊長類、つまり人類を生み出しました。人類は約500万年間の猿人段階を経たあと、約200万年前に原人段階に到達しました。原人段階は以後、百数十万年間続き、約60万年前、原人はさらに進化して旧人になりました。そして、約20万年前、人類は新人であるホモ・サピエンス（ヒト）に進化したのです。

私たちが属するホモ・サピエンスは、約5万年前には地球上の広い地域に住むようになり、約1万年前になると、世界の数箇所で文明段階の文化にまで到達しました。そして現在、私たちは宇宙時代を迎え、宇宙に進出し始めています。

地球における長い生命進化史を見ますと、宇宙や物質、星星が「自己存続」をして長く存在したので、その中に生命というデリケートな物質系が生まれたのでしょうし、また、生命体がどんどん進化して、ヒトのような「知的生命体」まで生み出すことになったのでしょう。

地球における生命進化史から次の重要なことがわかります。すなわち、あらゆる生命体の活動には、「個体維持」と「種族維持」の働きが見られるということです。そのために代謝活動があり、生殖活動があり、成長があり、進化があります。そして、それらすべてに共通な原理は「自己存続」です。

代謝は短期的な自己存続だし、生殖は長期的な自己存続です。また、成長は個体の自己存続能力を発達させる現象であり、進化は環境によりよく適応することによって変身しながら、生命体として自己存続を達成しようとする現象です。だから、すべての生命の根本原理も、宇宙と同様に、「自己存続の原理」だということになります。

その他、脊椎動物の進化において、水中と陸上の各々で最初の初期型から確立型が生まれ、そのあと二つの発展型のグループが現れるという指摘も興味深いと思います。初期型から確立型が成立するには、水中では顎骨を持つようになったことが重要ですし、陸上では胚が羊膜に包まれるようになったことが重要ですが、その後の発展型は、水中陸上どちらにおいても、高い運動性を持つタイプの脊椎動物でした。

このような進化過程を見ると、食物を効果的に入手し、素早くエネルギーとして利用すること、生殖が安全に遂行されること、高い運動能力を持つことなどが、極めて重要であったように思われます。このような進化のプロセスも、「自己存続の原理」に基づいて行なわれていると考えられます。

第2章

人類の進化の歴史

第2章 人類の進化の歴史

約6500万年前に恐竜などの大型爬虫類が絶滅したあと、鳥類や哺乳類が発展してきました。哺乳類の一部である霊長類は、新しく進化した被子植物の森で樹上生活に適応しましたが、彼らは、約3000万年前には、高等霊長類段階にまで進化していました。

その後、約1500万年前以降に始まった寒冷化と乾燥化の影響で森が次第になくなってくると、高等霊長類の中でも、森の生活と縁が切れないものと地上生活に進出するものとが分岐しました。そして、約900万年前から700万年前までの間と思われますが、森と縁が切れなかった高等霊長類はゴリラの先祖やチンパンジーの先祖になり、直立して地上生活に踏み出していった高等霊長類が人類の先祖になったと考えられます。

本章では、人類が他の類人猿たちとは違う独自の進化を始めた頃から、現在私たちが属するホモ・サピエンスに至るまでの進化の歴史を、化石を中心にたどります。

前適応段階

人類の身体的特性で最も重要だと考えられているのが直立姿勢ですが、人類には直立以外にも重要な身体的特性があります。例えば、優れた脳、犬歯《けんし》が退化していること、雑食性、手指が器用で道具を作り使うこと、言語を話すこと、体毛が退化し汗腺が発達していることなどです。これらの特性の中で、いくつかのものは人類がまだサル的な段階から準備されていたという考えがあり、それを前適応（pre-adaptation）と言います。

人類になる霊長類は、ある期間、樹木の太い枝や幹、樹木の根元、近辺の草叢《くさむら》などを、生活空間としていたと考えられます。そして、垂直な空間としての幹の部分は、単なる登り降りの通路ではなく、そこに留まって食物を手に入れる場所でもあったと考えましょう。

そういう生活では、身体を立てていることが多くなって、体重支持がおもに下半身でなされるようになったでしょうし、食物も、葉や実、草の種子、茎や根などの植物性の食物の他、昆虫類、幹の樹皮の下の幼虫、鳥の卵や雛、まわりを這い回る小動物などの、動物性食物が含まれるようになって、雑食性になっていったでしょう。歯も、小型の食物を口に放り込んで臼歯《きゅうし》で磨り潰すような咀嚼《そしゃく》の仕方になって、犬歯が退化して短くなり、臼

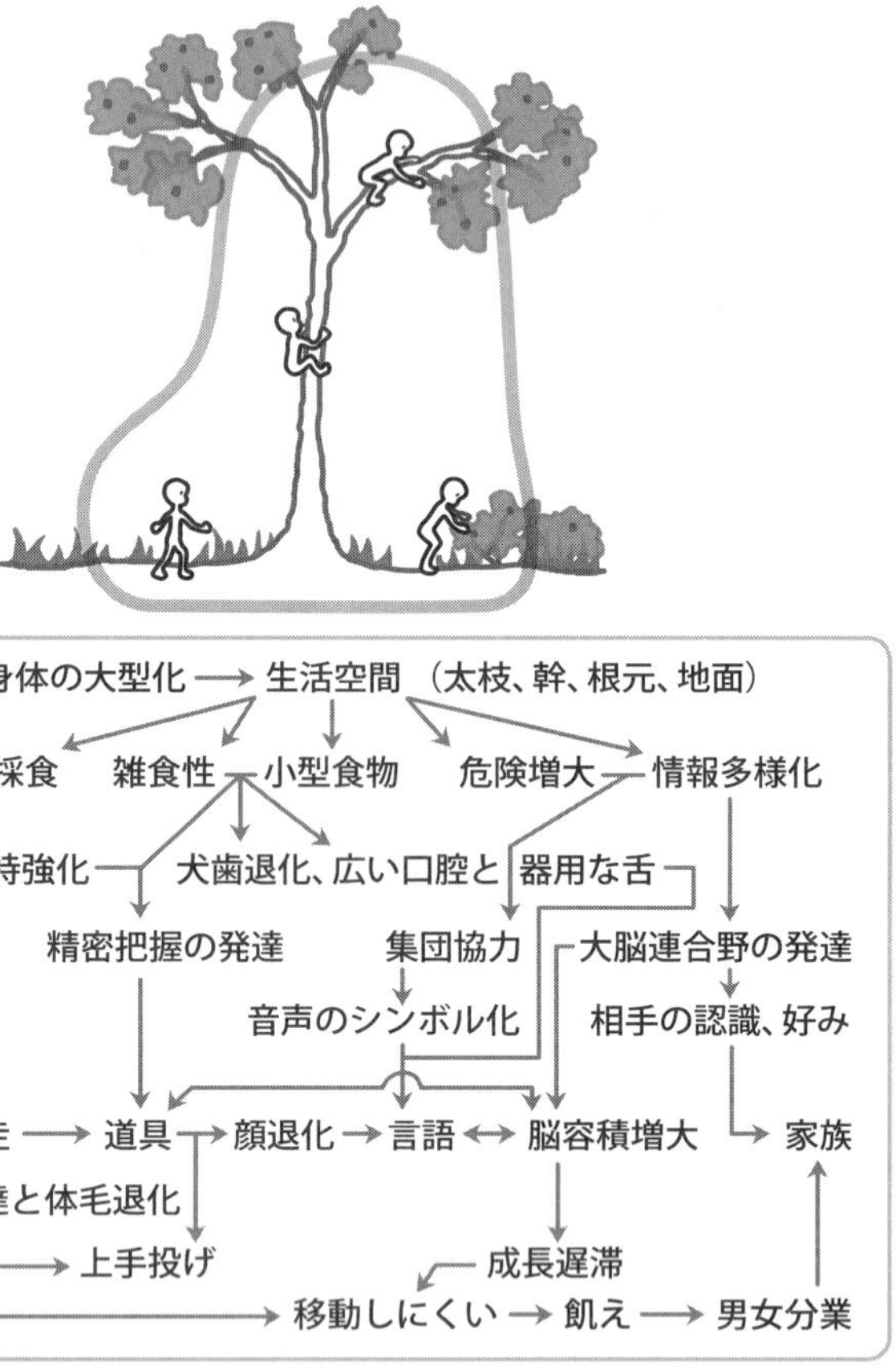

図2・1　人類への過程（富田他『生理人類学』朝倉書店、1999より）人類の祖先である高等霊長類は、森の樹冠部ではなく、樹木の幹、太枝、樹木の根元あたりの地面を生活空間にしていたと考えられます（上図の線で囲んだ範囲）。このような段階を経た人類の祖先には、たくさんの人類的な特徴が形成されたと考えられます（下図）。

歯が発達し、口腔は広く、舌の器用な運動も発達していったと考えられます。

さらに、手も、小型の食物を手に入れるために、握るという行動の他につまむという行動が発達し、指先がもっと器用になっていったでしょう。

また、樹木の太枝、幹、根元、近辺の草叢などの、いくつかの異なった場所で生活する関係上、多種類の豊富な情報を処理するために、そのための器官である大脳皮質も発達し、優れた脳になっていったと思われます。

以上述べたように、人類になる前の生活空間を、樹木の太い枝や幹、根元、近辺の草叢あたりに設定すると、後肢《こうし》による体支持、雑食性と犬歯の退化、放物線状の歯列、広い口腔と器用な舌、手指による器用な作業能力、大脳皮質連合野の発達など、人類の重要な諸特徴が導き出されるのです。

人類の出現

出土した霊長類化石に直立の証拠があれば、その化石は人類であると判定されます。そういう基準で見ると、最も古いヒト化石は、サハラ砂漠の南部、チャドで出たサヘラントロプス・チャデンシス（*Sahelanthropus tchadensis* 約700〜600万年前）で、次に古い化石は、ケニアから出たオロリン・トゥゲネンシス（*Orrorin tugenensis* 約600〜570万年前）、エチオピアから出たアルディピテクス・カダバ（*Ardipithecus kadabba* 約570〜530万年前）、アルディピテクス・ラミダス（*Ardipithecus ramidus* 約440万年前）などです。

人類は以後、アウストラロピテクス・アナメンシス（*Australopithecus anamensis* 約420〜390万年前）、アウストラロピテクス・アファレンシス（*Australopithecus afarensis* 約370〜300万年前）などの猿人段階を経たと考えられ、その後、アウストラロピテクス・アフリカヌス（*Australopithecus africanus* 約280〜230万年前）やアウストラロピテクス・エチオピクス（*Australopithecus aethiopicus* 約270〜230万年前）が分岐したあと、アウストラロピテクス・ガルヒ（*Australopithecus garuhi* 約250万年前）を経て、ホモ（*Homo*）属（約240万年前）に進化したと考えられています。

その頃になると、人びとは粗雑ではありますが多様な形を持つ石器を作るようになりました。これがオルドヴァイ文化（Oldowan culture 約260〜170万年前）です。

人類は草原での生活に適応するようになり、猿人から原人へと進化しました。人類は直立姿勢で棍棒や石器を道具として使い、皆と協力しながら生活するようになったのです。

道具の起源については、植物の実を割ったり根を掘り出したりするためや、死んだ動物から肉を切り取ったり、骨を割って中の骨髄を取り出したりするために、石器や木器を作ったり、使ったりしたと考えられていますが、丹野正が指摘しているように、棍棒などの木器は、強度の点で生きた木の枝を切り取る必要があり、その際に石が関与したと考えることによって、木器と石器の同時起源が考えられます。

オルドヴァイ文化を担った候補者としては、アウストラロピテクス・ガルヒや未知の種（約240万年前、初期ホモ属）が考えられますが、同じ時期にいた頑丈型猿人も候補に挙げられます。

頑丈型猿人は、アウストラロピテクス・エチオピクス、およびその子孫のアウストラロピテクス・ボイセイ（*Australopithecus boisei*　約230～140万年前）、アウストラロピテクス・ロブストゥス（*Australopithecus robustus*　約180～150万年前）ですが、彼らは約270万年前に分岐したあと、原人と同じ時期まで生き延び、約140万年前に絶滅してしまいました。

なお、約240～180万年前の初期ホモ属（初期原人）が誰であったのかは、分布域

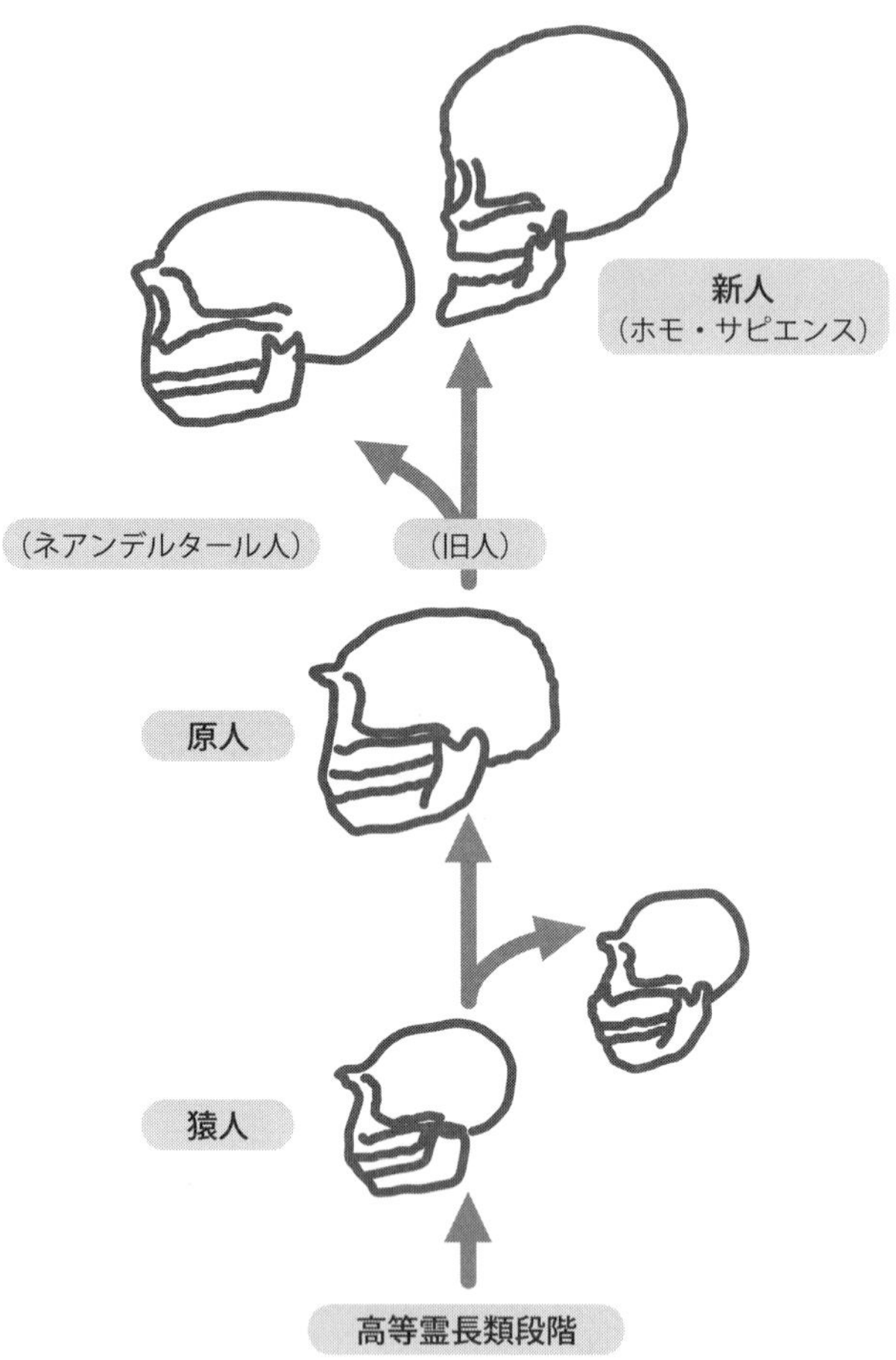

図2・2　高等霊長類段階から猿人、原人、旧人を経て私たちが属する新人が進化してきたことを示しています。

も含めてまだ未確定と考えられます。

原人の確立

オルドヴァイ文化は、約170～160万年前以降、アシュール文化（Acheulian culture）へと発展しました。この文化を担ったのは原人（ホモ・エレクトゥス *Homo erectus*）です。彼らは石器や火を使い、優れた技術文化を持ち、経済、社会面においても、人類特有の生活方式、すなわち文化を持った生活を発達させていきました。彼らのアシュール文化は、両面加工石器つまりハンド・アックス（hand-axe 握り斧）を特徴としますが、その文化は旧人に引き継がれてさらに発展し、約25万年前まで、約140万年もの長い間続いたのです。

原人は、約180～170万年前以降、アフリカのみならずユーラシア大陸（グルジアやインドネシア、中国）にまで分布を広げました。ヨーロッパへの分布は、約80万年前以降ですが、インドネシアのジャワ島への分布もその頃と思われます。

原人は、生活文化のみならず、身体形態も長い間比較的一定で安定的でした。脳頭蓋《のうとうがい》は前後径が大きく、全体的に低平で前頭部が後退しており、一方、眼窩上隆起《がんかじょうりゅうき》や眼窩後《がんかこう》狭窄《きょうさく》、後頭隆起はよく発達しています。また、骨質は厚く頑丈です。顔面頭蓋では下顎に頤《おとがい》がありません。

これらのことから、１００万年以上安定的に続いたホモ・エレクトゥスの原人段階は、人類進化史における第一次安定期と思われ、彼らは最初に確立した人類と考えられます。

旧人

原人の脳は約60万年前からさらに大きくなり、頭骨にも原人と新人やネアンデルタール人との中間的な形質が見られるようになりました。この段階の人類を、その後のネアンデルタール人も含めて旧人と言います。

アフリカでは約60万年前、ヨーロッパでは約50万年前、アジアでは少なくとも20万年前までに、旧人が現れました。アフリカでは原人が旧人に進化したようですが、アジアやヨーロッパでは、旧人がその地で原人から進化したのか、あるいはアフリカから移住して来たのかは、まだ不明です。

文化面でも、約60万年前以降、ルヴァロア技法の使用や、立体的に左右対称なハンド・アックスの作製などの、さらなる技術発達が見られ、後期アシュール文化と言われています。この文化は、約25万年前まで続きました。

旧人と言われる人たちは、原人が約60万年前に新たな進化を始めたあと、世界各地で新人に置き換わってしまうまで住んでいた人たちと考えられます。そうすると、彼らが住んでいた時期は、アフリカでは約60～20万年前、ヨーロッパでは約50～3万年前、アジアでは約20～5万年前ということになります。

しかし、約30万年前には、アフリカにはすでにホモ・サピエンス的な特徴を持つ旧人が住んでおり、ヨーロッパにはネアンデルタール人的な特徴を持つ旧人が住んでいました。ヨーロッパ旧人のうち、約20万年前から3万年前まで住んでいた人たちがネアンデルタール人（*Homo neanderthalensis*）です。そして、彼らの文化をムスティエ文化（Mousterian culture）と言います。

ネアンデルタール人は、眼窩上隆起が発達し、顔が突出した顔面頭蓋部と、低平ですがかなり大きな脳頭蓋部を持っていました。脳容積はホモ・サピエンスかそれ以上の大きさを持つ人たちであり、寒冷気候に適応した大きな体格（body size）と、手足が短くずんぐりしているけれども、筋骨隆々とした体形（body shape）をしていました。

彼らは、約80万年前以降ヨーロッパに進出した原人の一部が、約60万年前に分岐し、厳しい寒冷環境に適応して身体が特殊化していった人たちの子孫と思われます。

約7万年前以降、ネアンデルタール人は埋葬を行なうようになりましたが、その頃になると、大きな脳を持つ彼らには、新人のホモ・サピエンスと同様に、精神性が次第に発達してきたと考えられます。

ジャワでは、原人から旧人への進化が見られず、原人の子孫が約10万年前まで住んでいたようです。また、ジャワの東方にあるフローレス島には、約8～1・2万年前の間、小型の原人（ホモ・フロレシエンシス　*Homo floresiensis*）が生き残っていたようです。

新人の出現

約20万年前、アフリカの旧人は、新人のホモ・サピエンスへと進化しました。脳は猿人の約3倍の大きさになり、頭高が大きく額が高くなりました。眼窩上隆起が消失し、下顎には私たちのように頤《おとがい》が突出しました。

彼らは、約10万年前までには、アフリカの他、西アジアにまで住むようになりましたが、約5万年前にはアジアやオーストラリアにまで到達し、約4万年前にはヨーロッパにも進出しました。以後、ホモ・サピエンスは、居住域を世界各地に拡大していきます。

一方、古来の生活を続けていた原人や旧人の子孫たちは新人に圧倒され、絶滅していきました。ジャワでは原人から新人に置き換わったようですが、ヨーロッパでは旧人のネアンデルタール人が滅びて新人に置き換わりました。

以上述べたように、高等霊長類から原人が成立し、原人から新人が成立したと考えますと、前者における移行過程が猿人段階であり、後者における移行過程が旧人段階だと考えられます。そして、猿人段階と旧人段階のそれぞれにおいて、頑丈型猿人とネアンデルタール人が人類進化の流れから分岐して特殊化していき、結局、両者とも絶滅してしまったと考えられます。

新人であるホモ・サピエンスは、優れた生活技術を持つ採集狩猟民でした。石器には、切る部分が長いブレイド（blade 石刃）という剥片《はくへん》石器や、ビュラン（burin）という彫刻刀型石器が多く発見されています。また、投擲《とうてき》器（槍投げ器）も注目されています。

約4・2万年前以降ヨーロッパで栄えたホモ・サピエンスの上部旧石器文化は、古いほうからオーリニヤック文化（Aurignacian culture）、グラヴェット文化（Gravettian culture）、ソリュートレ文化（Solutrean culture）、マドレーヌ文化（Magdalenian culture）などが区別されています。

そして、彼らには精神の世界が大きく発達してきました。魂とか死後の世界についての観念が一段と進んだのでしょうか、死者が埋葬され、墓には人工的な副葬品が納められています。また、彼らは女性や動物の小彫像を作ったり、洞窟の岩肌に素晴らしい壁画を描いたりしました。さらに、楽器のフルートさえ作ったのです。

しかし、その優れた生活文化の萌芽は、約10万年前の西アジアにおける埋葬や、約7・5万年前の南アフリカにおける幾何学模様が刻まれた赤色オーカー、貝のビーズなどに見られると考えられています。その頃、新人の脳の働きには大きな変化が生じていたと考えられます。その変化は、約5万年前以降に起きた分布域の拡大やヨーロッパにおける上部旧石器文化の発展を生み、さらに文明へと繋がっていったのでしょう。

なお、新人出現後に身体に起った変化としては、紫外線が少ない高緯度地域に住んだ人たちにメラニン色素減少などの変化が生じたことや、咀嚼器官の退化傾向がさらに進んでいることなどが挙げられます。

第3章

哺乳類、霊長類と共通な特徴とヒト特有の特徴

第3章　哺乳類、霊長類と共通な特徴とヒト特有の特徴

現生人類の私たちホモ・サピエンス（ヒト）の身体には、地球で生まれ進化した他の生命体と共通の特徴がたくさん備わっています。例えば、ヒトは多細胞生物の一員として身体がたくさんの細胞から出来ており、魚類以上の脊椎動物と同じく、背骨を共有しています。また、たくさんの陸上脊椎動物と同じく、空気を呼吸する肺を持ち、手足の骨格は、胴体に近いほうから、1本の上腕骨と大腿骨、2本の前腕骨と下腿骨、および数本の指骨から成っています。

しかし、ここでは、ヒトが脊椎動物の哺乳類の一員であり、さらに哺乳類の中の霊長類の一員であるという点から、ヒトが他の哺乳類動物やサル類などの霊長類動物と同じ身体的特徴を共有していることに注目しましょう。そして、私たちの身体には、さらにその上にヒト特有の特徴が加わっているのです。

ヒトの身体にある哺乳類としての共通の特徴

哺乳類は温血動物とか獣《けもの》と言われ、高い基礎代謝と恒温性という特徴を持ち、皮膚表面には毛が生えていますが、ヒトも哺乳類の一員として同じ特徴を有しています。

ヒトの生殖法は、子宮で子どもを育てて産み（胎生）、生まれた子どもを乳で育てる方式ですが、これは（カモノハシなどの単孔目を除く）哺乳類としての共通な特徴です。

また、ヒトでは消化器系、泌尿器系、生殖器系の出口が別々になっていますが、これも哺乳類に共通な特徴です。他の類では出口が共通になっています。

ヒトの消化器系では、食物を咀嚼する歯は異歯性で、切歯《せっし》、犬歯、大小の臼歯に分化していますが、これは哺乳類に共通な特徴です。

呼吸器系ではヒトは横隔膜《おうかくまく》を使った腹式呼吸ができること、また、循環器系ではヒトの心臓が二心房二心室であること、赤血球が無核であることなどは、哺乳類共通の特徴です。

ヒトでは外耳が発達し、中耳にある耳小骨も、アブミ骨に更にツチ骨、キヌタ骨が加わって3個になっていますが、これは哺乳類としての共通な特徴です。

ヒトでは大脳皮質が非常に発達していますが、それは哺乳類になってから現れた新皮質

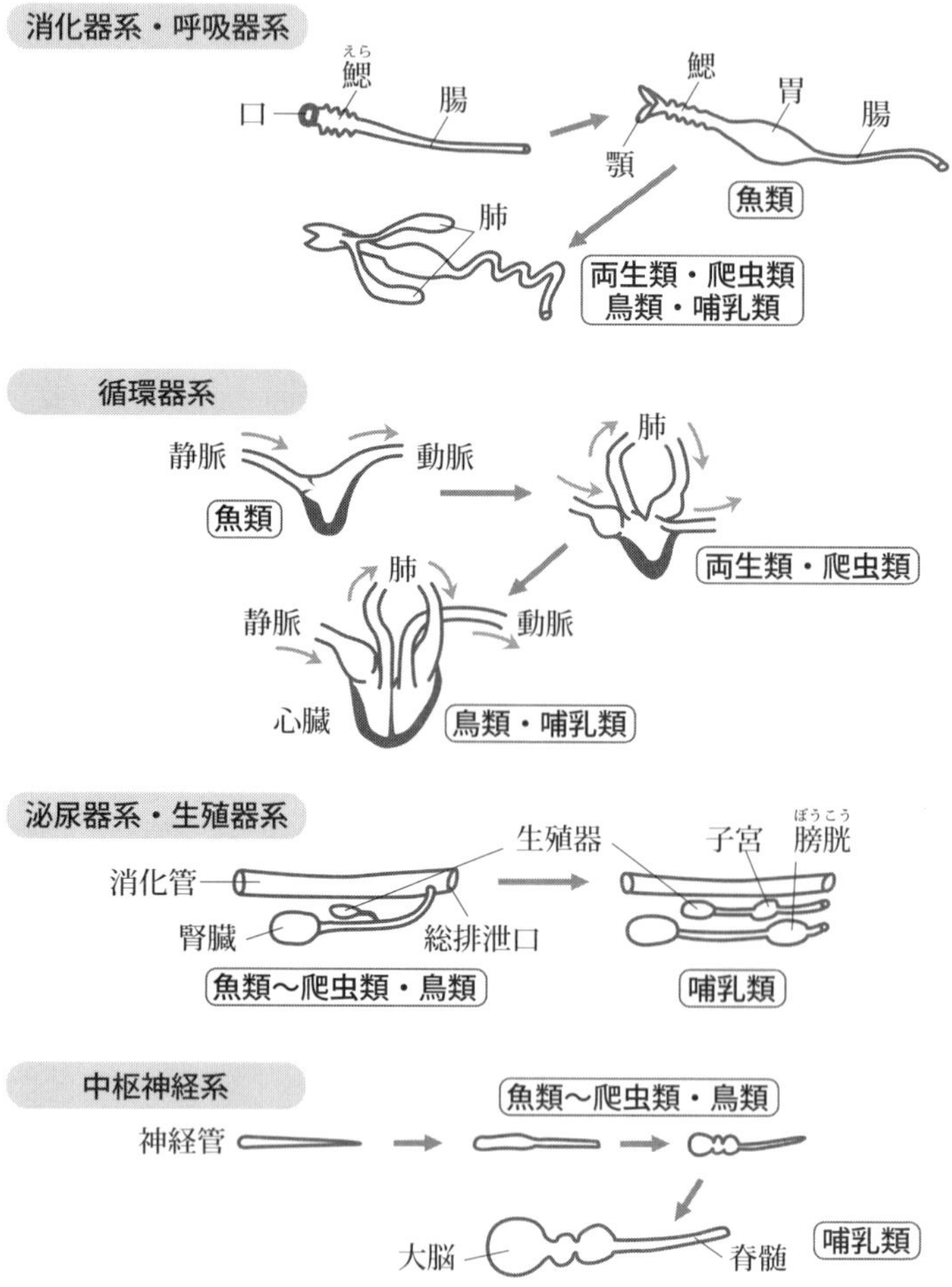
消化器系・呼吸器系
口
鰓《えら》
腸
鰓
胃
腸
顎
魚類
肺
両生類・爬虫類
鳥類・哺乳類
循環器系
静脈
動脈
魚類
肺
両生類・爬虫類
肺
静脈
動脈
心臓
鳥類・哺乳類
泌尿器系・生殖器系
生殖器
子宮
膀胱《ぼうこう》
消化管
腎臓
総排泄口
魚類〜爬虫類・鳥類
哺乳類
中枢神経系
魚類〜爬虫類・鳥類
神経管
大脳
脊髄
哺乳類

図3・1

であり、そこにも哺乳類としての共通性が見られます。

身体を動かす運動器についても、哺乳類と共通の特徴が見られます。すなわち、上下肢が内転（下方に垂下）しているので、四肢を前後に動かした時に運動効率が大きいのです。哺乳類では手足の先端にある爪が分化して、鉤爪《かぎづめ》を持つものの他に蹄《ひづめ》や平爪《ひらづめ》を持つものが出来ましたが、ヒトは平爪を持つ哺乳類です。

頚椎骨《けいついこつ》が7個になり、首の運動性が増したことも、他の哺乳類と共通な特徴です。また、四肢の関節部が化骨して関節が丈夫になるとともに、化骨終了と同時に成長も終了して成人になるという現象が生じましたが、それはヒトおよび哺乳類に共通な特徴です。

同種の哺乳類では、寒い地域に棲むものほど身体のサイズが大きくなったり（ベルクマン Bergmann の法則）、四肢や外耳など体幹部からの突起物が小さい体形になったりして（アレン Allen の法則）、身体の容積（体重）に対する放熱部としての体表面積の割合が減少する適応が起っていますが、ヒトについても、寒い所ほど身体のサイズが大きかったり、身体がずんぐりとして手足が短い体形が見られます。

霊長類としての共通な特徴

手指の把握能力が優れており、指先に指紋があり爪が平爪であることは、霊長類としての共通な特徴です。

運動の敏捷性が大きいこと、上肢の運動の自由性が大きいことも霊長類的な特徴です。左右の目が前面を向き、眼窩のまわりが骨で囲まれています。そのため、両眼視が出来、距離感をつかむことができます。両眼視に関連して、視神経が半交叉になっています。また、色覚があるのも、他の霊長類と共通な特徴です。

一度のお産で生まれる子どもが普通一人であり、乳房が胸部に一対しかないのも、他の霊長類と同じ特徴です。

歩行形式が前方交叉型（forward cross type）です。ヒトの歩行では、互いに反対側の手足（右手と左足、左手と右足）がほとんど同時に同じ方向に動きますが、よく調べると、足のほうがわずかに先に動きます。これを四肢の動く順序として見ると、左足―右手―右足―左手―左足……の順序で動くわけですが、そういう歩き方は他のサル類にも見られるのです。だから、これは他の霊長類と共通な歩き方と言えましょう。それに対して、犬猫や牛馬、トカゲや蛙などの普通の四足動物では、歩行の際、まったく逆の順序（後方交叉型 backward cross type）で手足を動かしているのです。

地面を後方交叉型で歩くイヌやウマでは前肢《ぜんし》のほうが後肢よりも大きな体重を支持しているのに対し、枝の上を歩くことが多いニホンザルでは、地面でも前肢は体重の40％しか支えず、後肢が体重の60％を支持していることがわかりました。従って、サルが前方交叉型で歩くことは、おそらく樹上生活と関連しているのではないかと考えられます。

霊長類では、モンキー（monkey）、エイプ（ape）、マン（man）の順に後肢が体支持優位になっていると考えられますが、モンキーであるニホンザルでは後肢で体重の60％を支えているのに対して、ヒトでは下肢で100％体重を支えています。エイプであるチンパンジーやゴリラなどの類人猿は、体支持的にモンキーとヒトとの中間にあると考えられます。そして、前方交叉型という歩行形式は、後肢のほうが前肢よりもより大きな体重を支えているという体支持様式を反映していると考えられます。また、そのことは、ヒトの直立姿勢が100％の体重を前肢で支える腕渡り（ブラキエーション brachiation）から生じたものではないことも示唆しています。

なお、筆者は前方交叉型のことを霊長類型（primate type）、後方交叉型のことを一般型

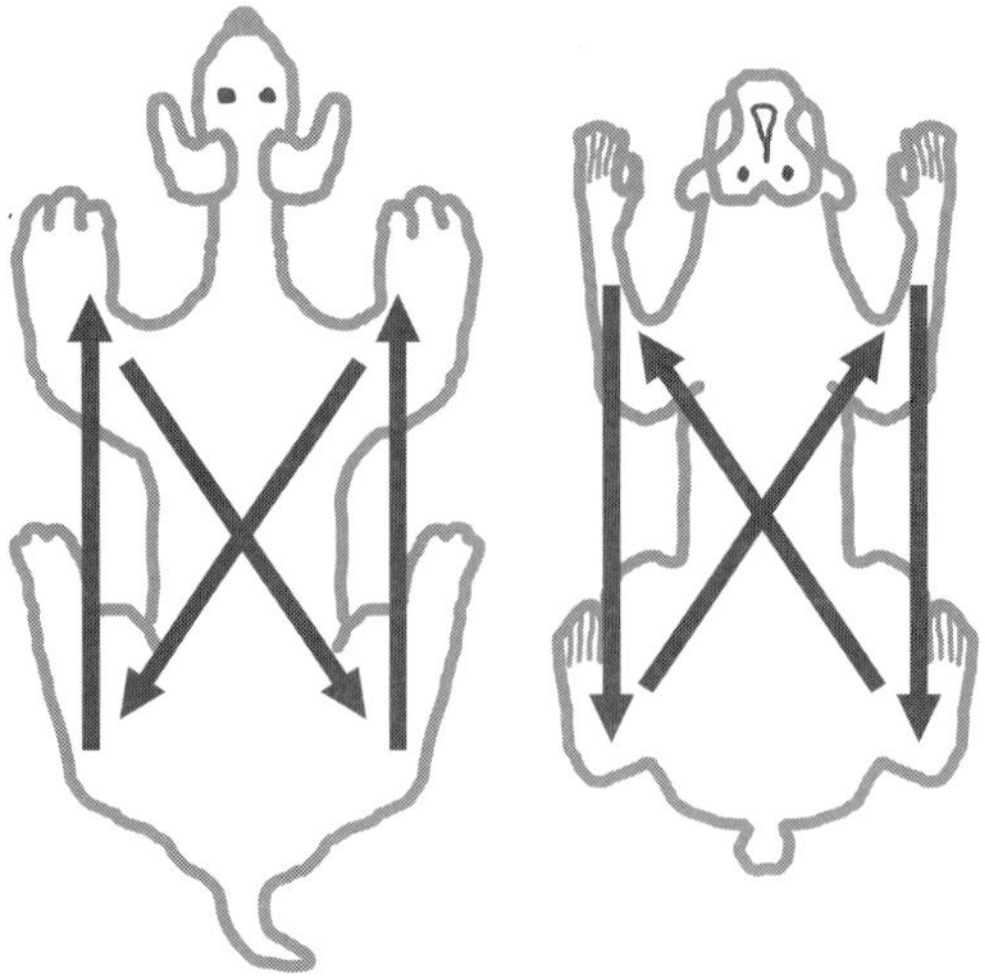

図 3・2　歩行の際、四本の手足が矢印の順序に従って次々と動くことを示しています。多くの動物は左図のタイプ（後方交叉型）ですが、ヒトとサルは右図のタイプ（前方交叉型）です。両者は、手足の動く順序がまったく逆になっています。（朝日新聞 1968 年 3 月 2 日より）

（common type）と呼ぶことがあります。また、2種の歩行形式には、前肢（上肢）と後肢（下肢）への相対的な力の入り具合と、それに伴う神経・筋機構が対応していると考えています。すなわち、歩行の際、前肢（上肢）よりも後肢（下肢）のほうにより力が入った状態だと前方交叉型（霊長類型）になり、相対的に後肢（下肢）よりも前肢（上肢）のほうにより大きな力が入った状態だと後方交叉型（一般型）になると考えています。

ヒト特有の特徴

人類学ではヒトを進化史の中で考えていますので、ヒト特有の特徴についても、古くから持っていると思われる特徴をまず挙げ、そのあとに、新しく獲得したと思われる特徴を挙げることにします。但し、それぞれのヒト特有の特徴がどのくらいの昔に獲得されたかについてはほとんど解明されていませんので、かなり大雑把な順序で列挙することになります。

人類進化史で古くから獲得されたと考えられるヒト特有の特徴として、まず直立姿勢が挙げられます。人類は後肢による体支持強化傾向が最も進んだ高等霊長類動物と考えられます。この人類の重要な特徴である直立姿勢は、約700万年の歴史を持っています。

真下に開口した大後頭孔《だいこうとうこう》、S字状を描き腰椎部《ようついぶ》が太い脊柱《せきちゅう》、前後に扁平な胸郭《きょうかく》、奥行きがあり幅広く丈が低い骨盤《こつばん》、真っ直ぐな大腿骨《だいたいこつ》、踵骨《しょうこつ》が発達し土踏まずのある足骨などは、直立姿勢によって生まれたものです。

人類では、食物を手に入れたり、外敵から身を守ったりする、個体維持と種族維持にとって重要な行動が直立姿勢で行なわれてきたため、身体にはたくさんの直立姿勢に関連した特徴が出来ました。しかし、完全に直立姿勢に適応し、特殊化した身体になっていないのは、生活では、直立以外に、臥位《がい》や坐位《ざい》などの多くの生活姿勢をとるからでしょう。

直立に関連して、上肢が体支持から解放されて器用な作業を行なうようになったため、手や腕にヒト特有の特徴が生じてきました。手では握るという行動の他に、指先で「つまむ」という行動が発達しました。それを拇指《ぼし》対向性と言います。ヒトは正確で細かな作業ができる器用な手指を持っており、またそれを可能にする親指の発達が見られます。ヒトでは足に直立による特殊化が起っているのに対して、手は一般化を保ったままです。これを、手足の分化が形態、機能の両面で進んだと言ってもいいでしょう。

また、雑食性が強くなり、細かな食物を臼歯ですり潰して食べるようになったため、犬歯が短く退化し、歯列が放物線状になり、広い口腔と器用な舌を持つ咀嚼器官になりました。

その後、原人が確立する過程で、人類は石器や木器などの道具を作って使うようになり、人類は文化を持った生活方式を獲得しました。

なお、ここで言う文化とは、他の動物とは異なる人類独自の生活のありようであり、人類文化とも言うべき広い意味のものです。

原人の頃に、上肢におけるヒト特有の行動である利き手が現れ、上手投げもできるようになったと考えられます。また、直立二足歩行や走行の能力もさらに発達し、それに関連した身体的特徴が強化されたと考えられます。さらに、原人では、脳容積も次第に大きくなり、高等霊長類段階の約2倍の大きさになりました。

熱帯アフリカの草原における採集狩猟生活では、捕食獣を避け、炎天下の日中に食物を集め運搬する重労働をしたと考えると、高温環境と労働による体温上昇を防ぐために、発汗による体温調節機能が発達し、全身の汗腺が発達し、それと裏腹に体毛が退化したと考えられます。

そして、体毛が退化してむき出しになった皮膚を強い紫外線から守るために、メラニン色素が多い黒い皮膚が形成されたと考えられます。

また、熱放散がしやすい体形、すなわち、身体容積に比べて体表面積が広い、手足が長く細長い体形の身体になったと考えられます。

その他、共同で作業をするための簡単な言語が生まれ、家族も形成されたのではないかとも考えられています。

大脳の発声を司る部位と手作業を司る部位は隣り合っており、両者が別々に発達したというよりも、むしろ共に発達したと考えられますので、石器を作り分けた（おそらく使い分けた）約260～170万年前のオルドヴァイ文化の人たちは、声についても出し分け、使い分けたのではないかと考えられます。それは、萌芽的な言語ではなかったでしょうか？

その他のヒトに特有な特徴として、よく伸びる頭髪、眉毛の存在、白目の広い眼、発達した赤唇縁《せきしんえん》、隆起した鼻、新生児の二次的就巣性《しゅうそうせい》、成長における幼年期の成長遅滞と青春期のスパートの存在などが挙げられます。これらの特徴の獲得時期はよくわかりませんが、多くは原人段階以降と思われます。

一方、ホモ・サピエンス、すなわち新人で獲得したと考えられる比較的新しいヒト特有の特徴として、まず、額が高く頭高が大きい脳頭蓋と、その内部にある大脳の前頭連合野

図3・3　動物の眼はほとんど虹彩《こうさい》（黒目）で占められています。上の猫の眼の中心にある黒い所は瞳孔で、周りの白く見える所が虹彩です。人間の眼は虹彩（黒目）の左右に白色の強膜（白目）が見えています。下の猫の彫刻の眼は、人間の眼のように描かれています。

と頭頂・側頭・後頭連合野、および側頭連合野の発達が挙げられます。

それに関連して、大脳の左半球には言語中枢が発達し、また、自然環境や社会環境の他に、超自然環境ないし精神環境（精神の世界）を獲得したと考えられます。

ヒトは、自然環境に対しては技術で対処し、社会環境に対しては組織や制度で対処しています。また、精神環境に対しては儀礼やタブーで、後には宗教、芸術、思想、科学などによって対処するようになりました。これら3種の環境に対する対処方式は文化的なもので、そのどれをとっても、他の動物とは異なっています。

人類特有の文化を生み出す源は脳です。新人であるホモ・サピエンスの脳容積は、原人の約1倍半、高等霊長類段階の約3倍になりました。

原人の最初期段階から見ると、新人までの約200万年間で、脳容積は約750ミリリットルから1500ミリリットルになり、約2倍になっています。このように、ホモ属においては、脳の巨大化が著しいのです。この急速な増大率は、他の動物と比べて驚異的な変化です。

脳の働きについても、約7・5万年前のオーカーに刻まれた幾何学模様や貝のビーズから見て、その頃の人たちには、抽象的思考やシンボル操作能力、言語能力などがかなり発達していたと考えられます。

一方、咀嚼器官の退化傾向はさらに続き、顔面頭蓋が退縮して眼窩上隆起の消失と鼻の隆起、頤の突出を生み、また、上顎側切歯《じょうがくそくせっし》の狭小化と第三大臼歯《だいきゅうし》の未萌出傾向《みほうしゅつけいこう》が生じています。切歯の咬合《こうごう》様式も、鉗子《かんし》咬合（毛抜き合わせ）から鋏状《はさみじょう》咬合、さらにすれ違い咬合へと変化しました。

人類の頭部では、脳の発達による脳頭蓋の拡大と、咀嚼器官の退化による顔面頭蓋の退縮が同時に起っていて、両者の境目には歪みのようなものが生じていると考えられます。脳底部の複雑な構造や頭部の短頭化傾向も、これと関連しているかもしれません。

脳の発達と咀嚼器官の退化には、人類特有の生活方式である文化が、何らかの点で関与しているのではないかと考えられています。

顎部の退化縮小については、上下顎骨の退縮に伴って、歯槽部《しそうぶ》も退縮したわけですが、下顎では歯槽部のほうが頑丈な構造の下顎体よりも退縮速度が早かったため、新人で頤の突起を生み、その傾向はさらに進んで、切歯の鋏状咬合を生んだと考えられます。原因は、調理文化の発達による咀嚼力の低下ではないかと考えられます。

その他、ホモ・サピエンスの分布が極めて広いことも、ヒトの特徴点の一つです。そして、紫外線が乏しい高緯度地方では、体表部にメラニン色素が乏しい人たちが生まれました。

第4章

身体的特徴と家族、生活方式の成立機序

第4章 身体的特徴と家族、生活方式の成立機序

家族はヒト科（人類）が適応戦略として生み出した群れです。家族の出現にはどのような適応戦略が必要であったのかについては、人類誕生の地勢（土地の様子）、そして人類がどのようなニッチェ（生態的地位）を獲得したかに関係します。

約1000万年前、アフリカ大陸の東部から南部にかけてマグマが上昇し、エチオピア高原やキリマンジャロ山などを隆起させました。マグマの上昇は現在でも見られ、アポロ12号がこのホット・スポットを確認しています。グレートリフトバレーと呼ばれるこの地殻変動により、アフリカ東部は東と西に地勢が分けられました。隆起した山並みにぶつかる湿った西風は、雨を降らせて西側に豊かな雨林帯をつくり、乾いた風の吹く東側は、大型食肉獣のニッチェであるサバンナになりました。約700万年前に誕生した人類は、比較的安全な雨林帯からグレートリフトバレーの東に移動し、サバンナに適応したのです。この時期、人類は直立二足という体制を獲得したと考えられます。

直立姿勢

人類がどのようなきっかけで直立姿勢をとるようになったかについては、これまでたくさんの仮説が出されました。視野を確保するため、運搬に手を使用するため、道具使用のため、捕食者に対する集団での二足直立による威嚇のためなど、様々な説があります。しかし、この直立の前段階として、尾をなくしたことによる骨盤の回転が関係していることを指摘しておきたいと思います。

きっかけはともかく、初期人類が体幹部を直立させ（体幹直立）、直立二足性という体制を獲得したことから、人類らしさのすべてが生じたと考えられます。体幹部を直立させることは二足になることであり、その状態での移動運動が二足歩行です。初期の二足歩行は歩幅の大きい安定した歩き方ではなく、体幹部をやや前傾した、小走りに近いものだったでしょう。

体幹部の直立により、内臓の重さはそれまでの背腹方向から頭尾方向にかかることになりました。横向きの脊柱に垂直にぶら下がっていた内臓は、直立した脊柱に平行にぶら下がることになりました。そして、内臓下垂が常態化したのです。そのため、脱腸、脱肛、立ちくらみなどの脳貧血、下肢のむくみやうっ血などが、内臓や体液が重力方向へ移動する結果として生じてきました。内臓の重さの受け皿である骨盤は、出産口や肛門などの排出孔が開いているため、骨盤底を閉じることができません。そこで、骨盤は大きく変形しました。すなわち、上半分の腸骨上部を広げて内臓の重さを受け止め、下部は下方にすぼまる形に変形したのです。骨盤の底にある筋（会陰横筋《えいんおうきん》など）は恒常的に収縮していなければならなくなり、毛細血管網を発達させました。座る時はここに体重をかけるわけであり、血行は悪くなります。その結果として生じる痔も、体幹部直立のもたらす結果です。

難産

骨盤変形に伴い、それまで横方向に真っ直ぐ開いていた産道は、上から押し潰されることになり、曲がりくねった形になりました。そのため、胎児は出産する時に回旋運動をしながら産道を降りてこなければならず、また、坐骨で狭められた出産口を出なければなりません。その結果、人類は難産になりました。難産の程度は、猿人などの初期人類よりも、脳容積がさらに大きくなった（従って、頭の大きな胎児を産むようになった）原人、そして、さらにもっと脳容積が大きくなった新人（ホモ・サピエンス）へと、次第に大きくなっていったと想像されます。

人類は、この難産という大問題を、二つの方法で解決しました。一つは、出産時に少しでも出産口を広げるために、骨盤を構成する骨の関節をはずして出産口を広げるのです。骨盤は、左右の寛骨（腸骨、坐骨、恥骨が融合した骨）が仙骨を挟む構成をしていますが、臨月の産婦の骨盤では、寛骨と仙骨との間にある耳状関節と、左右の寛骨が合わさっている恥骨結合がはずれてくるのです。だから、出産したあとの産褥期《さんじょくき》には、はずれた部位が元に戻るまで、骨盤には力を加えないほうが良いのです。実際に、産褥期の女性を休ませる習慣が世界中にあります。このように、人類は骨盤をはずして出産するという変わり者ですが、この方式をさらに発達させたのは鯨類だと思われます。彼らは、巨大な子どもを産む結果として、骨盤から下肢までを退化させてしまいました。

もう一つの解決法は、胎児が大きくならないうちに産み出してしまうというやり方です。これを臨床的な早産と区別して、生理的早産と言います。こうして、人類はかなり未熟な段階で出産されることになりました。現在のホモ・サピエンスでは、1年もしないと歩けませんし、言葉も話せません。有袋類《ゆうたいるい》を除いて、こんな未熟な段階で産み出される胎児は人類以外には存在しないのです。そのため、ゼロ歳児の段階は子宮外胎児とも言われます。しかし、これら二つの解決法を手に入れたとはいえ、多くの猿人や原人、あるいは新人たちが、難産の末に命を落としたのではないかと想像されます。人類にとっての出産は、他の動物以上に妊婦と胎児の命をかけた一大仕事なのであり、人類の深い母子関係や愛情の基となる進化的背景になっているのです。

家族の誕生

難産の母親と未熟児の子どもの生活力は低く、人類はそれへの適応戦略として、生物的配偶者の男性に母子を守らせる、家族という群れをつくりました。そして、この男性に父親としての役目を持たせたのです。これが性的分業の結果としての男性の仕事であり、それが後に、外働きとして金銭に換算され、女性の内働き（家事労働）を金銭価値に関わらないとする評価法を用いることにより、性差別の問題へと発展することになりました。こうして、一夫一婦という性的分業による群れが成立し、家族が誕生したのです。

父親の役目は、家族の安全を守ること、食べ物の調達と情報の収集などです。父親が仕事帰りに買ってくるお土産はこの延長線上での行動と考えられます。父親からこれらの役目を奪ってしまえば、父親の存在理由は無くなり、別の群れをつくることが適応的となるでしょう。また、この家族という群れは、家族を単位とする他の上位の群れ（村などがこれで、バンドと言います）の単位となるので、基本的家族あるいは核家族と呼ばれます。

家族は、成人の男性と女性、および未熟な子どもという、生理的要求の異なる三者で構成されます。母と子は強固な関係で繋がれており、哺乳類レベル、霊長類レベル、人類レベルの順で強まってきました。しかし、父親と母親、父親と子どもの絆を強固にする機構が無ければ、家族という群れは維持できません。この家族の維持機構が、音声言語、表情言語、手振り身振り言語を用いた高いコミュニケーション能力です。このコミュニケーション要求がさらに強まって、文字やメールなどが発達しました。

また、性による家族の維持も指摘されています。ヴィックラー（W.Wickler）は、人類の常時膨隆した乳房は尻の模倣であるとし、女性の男性に対する恒常的な性的アピールであるとしています。霊長類には、こうした自己擬態の例がいくつか知られています。ヒヒ類の尻様胸部や、マンドリルのオスの男根様鼻部などです。これらは、個体間の緊張緩和や親密な関係の維持に役立っていると考えられています。

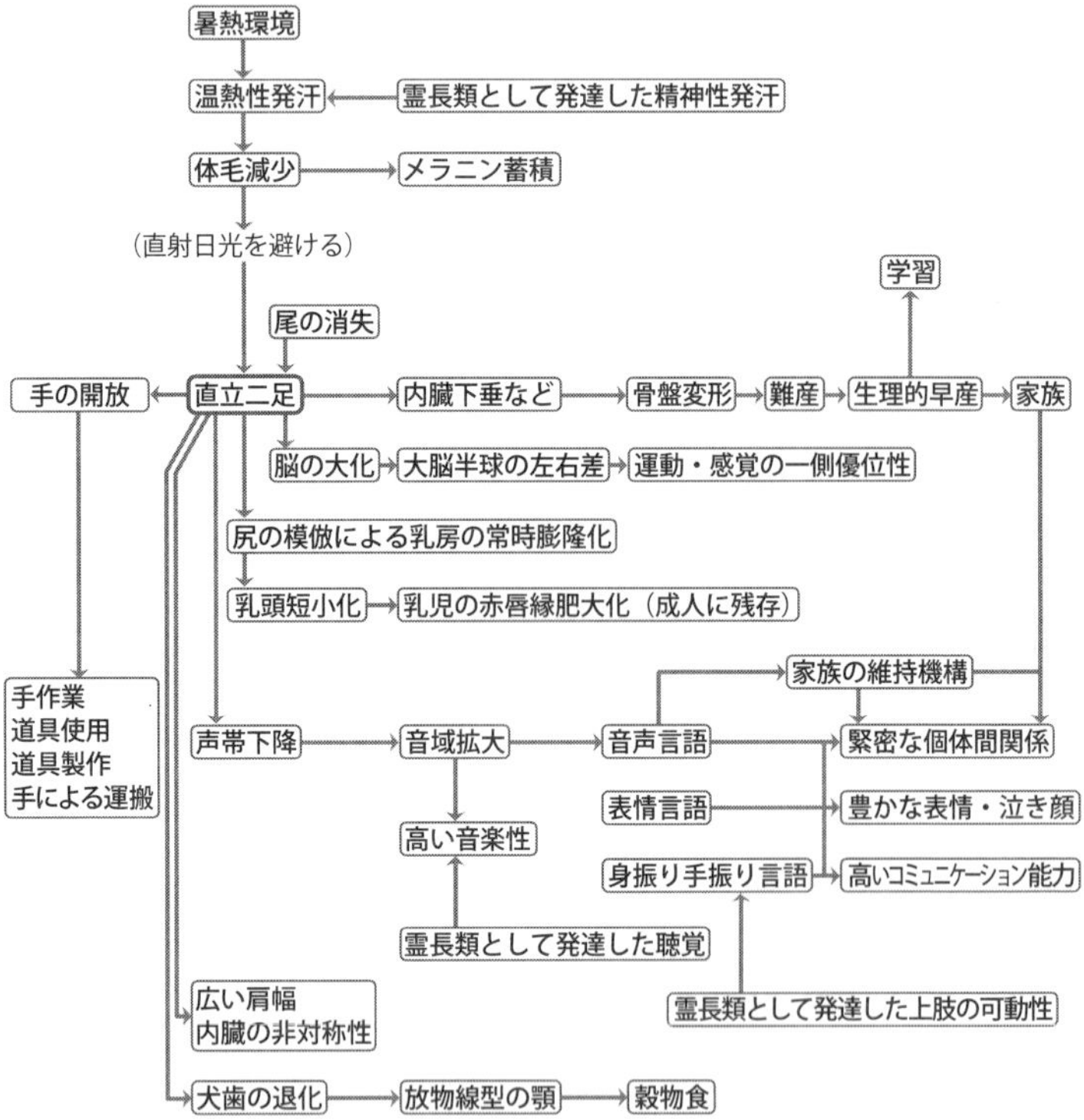

図 4・1　直立二足から生じる人類の特徴（真家和生『自然人類学入門』技報堂出版、2007 より）

乳房の常時膨隆化と同時に、乳首が短小化しました。乳児にとっては、吸いにくい短い乳首になったのです。他の霊長類では、乳首は長く、乳児が顔をあちらこちらに向けながら乳を飲むことができます。しかし、人類の乳首は短く丸く、また、乳房は張り過ぎて、乳児が顔を動かすとはずれてしまいます。それで、乳児は乳首保持のため、唇部を分厚く肥厚させました。この部位（口紅を塗る部分）を赤唇縁と言います。その特徴は成人にまで残っており、黒人ではその程度が強く、白人では弱いのです。また、授乳時に鼻孔が乳房に押し潰されて呼吸ができなくなるのを防ぐため、鼻翼部に乳児期だけ軟骨を形成するようになりました。この時期の乳児の鼻翼は、この軟骨のため、摘んでも潰すことができないほど硬いのです。

性による強い男女結合の前提として、人類の繁殖周期の消失があります。野生動物では春発情（春にメスが排卵）の春型、秋発情の秋型、春秋型に分かれますが、人類は常時発情型になりました。すなわち、女性は季節に関係なく、ほぼ4週間の生理周期で連続的に発情し、男性も常時発情可能になりました。私たちの生年月日が一年中に分散しているのも、その結果です。この現象は、人類以外ではヒヒと家畜で知られています。

学習能力

子宮外胎児とも呼ばれる人類の新生児は、他の哺乳類と異なり、基本的な本能的行動を十分完成させないまま出産されます。そして、出産後に外界の刺激と反応を受けて自分の行動を調整していくのです。これが学習です。たとえば、人類の新生児は快、不快という基本的表情をつくる神経回路は持って産まれてきますが、それ以上の複雑な表情は出産後の学習によって形成されます。

人類の子どもは、霊長類一般の特徴として、不安や不快になれば泣き叫びます。私たちはもともと樹上生活者なので、泣き叫んで保護者を呼ぶのです。地上性の動物はそうはしません。極めて遠慮がちに鳴くのが基本です。それは、捕食者に居場所を知られないようにするためです。

人類の新生児は、こうした際の表情も、主として母親の表情や対応を刺激として学習していきます。そして、人類特有の口裂を閉じた静かな笑顔などを獲得していきます。すなわち、子宮外の環境で外界からの刺激を受けて脳のシナプスを繋げていくのです。ただ刺激を受けるだけではありません。自分の行動との関係において、どういう結果になるかという反復練習を繰り返しながら、神経回路を構築していくのです。人類はこうして、生涯にわたってシナプスをつくり続けられる脳を手に入れました。これが人類の生涯学習できる脳なのです。

生理的早産をした未熟な人類の子宮外胎児は、母親の表情を見てそれを繰り返し、表情を学習します。父親の表情はあまり学習対象になっていないと言われます。母親の表情は、こうして、生理的基盤を持って文化的に子どもに受け継がれるのです。初期猿人も、こうして豊かな表情をつくりながら、緊密な個体間関係をつくり上げていったのでしょう。子宮外胎児の子どもにとって、学習相手としての母親の役割は大きいのです。

コミュニケーション能力

さて、体幹部を直立させた際、声帯の位置がそのままだと、下顎が開きません。それは、頸部《けいぶ》が頭骨の後ろではなく、下に回りこむ形になったために生じたことです。人類はこれを、声帯を下降させることによって解決しました。声帯が下降すると、声帯から上部の喉頭部、口腔、鼻腔などの共鳴部が長くなり、声は低音化します。低音が出せるということは倍音の高音も出せることになり、音域が拡大しました。

音域の拡大は霊長類の特徴である聴覚の進化と合わせて、人類の高い音楽性を生み出しました。楽器を奏で、歌を歌う人類の進化的背景には、直立二足の体制が関係しているのです。表情言語や手振り身振り言語を深めた話術、演劇、舞踏も、様々な内容を伝える表現手段であり、人類の生活を彩っています。

人類における音域の拡大は、音声言語の種類を増やし、高いコミュニケーション能力へと繋がりました。人類は、表情言語や身振り手振り言語と合わせて音声言語を用いることにより、全動物中、最もおしゃべりな、つまり〝緊密な個体間関係〟を結ぶ生き物になりました。

〝緊密な個体間関係〟は、〝他人を気にする〟ことに繋がります。人類は噂も大好きな生き物です。もともと家族という群れの維持のために進化してきたコミュニケーション能力ですから、他の個体を気にかけて友好な関係を保ちたいというのが、人類共通の心情となりました。ですから、友達ができるとうれしいのです。繁殖期の異性に対するこうした親近感が恋愛感情でしょう。しかし、これが裏目に出ると、嫉妬心など攻撃的な心理となります。

また、チンパンジーと共通の高い社会性を持つ人類は、群れ（band）の中で地位を高めたいという上昇志向があります。そして、他人を気にする人類は、強い競争意識と嫉妬心、強い攻撃性や復讐心など、「友好な関係を保ちたい」という心情とは裏腹の、敵対的な心情にもとらわれることになりました。これが戦争や残虐行為を起す人類特有の心性なのです。

また、人類は眼裂を横に広げて黒目の左右に白目が見えるようになりました。これは人類特有の特徴ですが（但し、ハスキー犬も例外的に白目が見えます）、このために、視線がコミュニケーションとしての意味も持ってきました。その結果、男性が獲得してきた食物を分配して食事をする際、顔を見合わせながら食べたり、話したりする行動になり、人類特有の食を介した個体間関係の緊密化、食事文化に繋がっていきました。その延長として、現代の我々もテーブルを囲み、向かい合いながら食事をするのです。この延長線上に、父親の持ってくるお土産があると考えられます。

発汗能力

初期人類のニッチェ（生態的地位）はサバンナでした。そこにはスミロドン（*Smilodon* 剣歯トラ）などのような大きな牙を持つ食肉獣（ライオンの祖先）がいました。初期人類は、炎天下で日中活動をすることを適応戦略としました。食肉獣が休み、餌となる草食獣なども日陰で体力の消耗を少なくしようとしている炎熱下で、人類は霊長類として獲得してきた小汗腺を全身に分布させ、全身で発汗するようにしたのです（全身発汗と呼ぶことにします）。すなわち、当初は緊張した際に発汗する精神性発汗であったものを、暑さに対して発汗する温熱性発汗へと進化させ、発汗による気化熱を武器に、暑熱環境というニッチェを人類にのみ有利なニッチェにしたのです。

温熱性発汗の契機は、暑熱環境です。しかし、同じ暑熱環境下でも、他の哺乳類（特に小汗腺を発達させていた霊長類）は、温熱性発汗を進化させませんでした。それは、人類固有の特徴です。

そして、人類は、恐らく温熱性発汗の効率を上げるために、体毛を少なくしました。体毛の減少は皮膚をむき出しにします。そこに直射日光が当たるわけですから、できるだけ光線の当たらない姿勢が有利でしょう。直立二足という体制の成因の一つは、この温熱性発汗でもあったのではないかとも考えられます。

メラニンの蓄積も、体毛の減少から生じる事柄です。初期人類は現在のアフリカ黒人ほど優秀な暑熱環境適応者ではなかったとしても、頭髪、虹彩、表皮にはメラニンが蓄積した初期黒人だったでしょう。

アフリカ黒人の頭髪の渦状毛は、多量のメラニンにより紫外線と赤外線を吸収し、紫外線による細胞の癌化と赤外線による体温上昇を防ぐと同時に、汗を渦巻状の毛の間に毛細管現象で行きわたらせて、気化熱によって頭部を冷却する装置でもあります。アフリカ黒人は、この小さく涼しい帽子を頭一面にかぶっているのです。初期猿人たちの頭髪は残っていませんが、渦状毛をした猿人（例えばアファール猿人のルーシー）を想像することはできるでしょう。

食性

初期人類は暑熱環境への適応能力を高めながら、最初は他の食肉獣の獲物の残りを炎天下で拾い集める〝腐肉あさり〟(スカベンジャー scavenger)であったと考えられます。その後、ハンターとしてこのニッチェ(生態的地位)を活かし、炎天下で汗を流しながら暑さに弱い動物を追いかけて倒すハンティングへと変わっていったと考えられます。〝汗水流して働く〟ことは、人類にとっては価値のあることなのです。マラソン競技なども、他の動物にとっては自殺行為に等しい競技ですが、全身発汗能力を持つ人類にとっては、人類特有の生理的能力を競う競技なのです。

人類の発汗能力は極めて高く、そのために奪われる水分と塩分をたえず補給する必要があります。人類は全動物で最も水分を必要とし、しょっちゅう水やお茶を飲む動物です。その行動は生活のなかで重要な部分を占め、一緒にお茶を飲むことが個体間関係を強化することにも繋がりました。お茶を飲むことは世界中で習慣化され、お茶の種類も多くあります。猿人や原人たちも、汗をかいて食料を手に入れたあと、木蔭で水分補給をしながら談笑したのかもしれません。

水分の補給と同時に、塩分の補給も大切です。人類はこのために塩味に敏感になりました。人類は約1・5億年前の哺乳類誕生時に、安全な母乳の甘味と腐敗味の酸味を感じる能力を高め、約6500万年前には、霊長類として果実をつける植物との共進化で苦味を手に入れましたが、その後、汗を流して働きながら人類として進化する中で、塩味を鋭敏にしたのです。なお、4大文明の発祥地は大河のほとりですが、いずれも岩塩の産地が近くにあります。そして、スカベンジャーとして肉食を始めたころから、蛋白質を構成するアミノ酸の味、旨みを基本味の中に加えました。

こうして、人類は5種の基本味を感じ取れる舌を手に入れました。味覚を楽しむ人類の進化的背景には、1・5億年の長さがあると言えましょう。

なお、人類は食事の中に最も多くの塩分を入れる動物です。だから、人類と同じ食べ物を食べているペットの多くが、塩分の摂りすぎで高血圧などにかかっています。特にネコ科の動物は尿を濃縮するタイプなので、塩分を摂りすぎて腎臓病になりやすい動物です。

肉食以外の人類に特徴的な食性として、穀物食があります。人類の脳容積は、猿人から原人、旧人、新人へと次第に大きくなりましたが、脳でのエネルギー源はブドウ糖であり、ブドウ糖が大量に得られるのは、穀物に多く含まれるデンプンからです。従って、人類はそれまでの果実食から、穀物食へと食性を変化させることによって、より脳を効率的に使うことができるようになりました。そのため、人類の歯、特に臼歯のエナメル質は、チンパンジーの2倍程も厚くなっています。

人類の犬歯は退化し、犬歯の先が咬面から突出しないようになりました。犬歯の歯根も小さくなったため、顎が犬歯の位置で大きく折れ曲がるU字形の歯列から、滑らかに連続する放物線形の歯列へと進化しました。そのため、上顎と下顎を臼のように擦り合わせて草の実や根菜類を擦り潰すことができるようになりました。それを臼磨運動《きゅうまうんどう》と言います。人類は食事をする時、臼磨運動をしながら食べることができるのです。

体型変化と、手や脳の発達

直立二足により、下肢は上肢よりも強大になり、足部の把握性を失い、関節の可動性が狭くなりました。そして、下肢は体支持と移動運動の器官として特殊化しました。直立二足歩行をする時、人類は重い下肢に対抗して体幹部のバランスを取るため、細く軽い上肢を対側性に出すことにしましたが、モーメントを釣り合わせるため、胸部をそれまでの左右から押し潰されたような形から、前後方向（腹背方向）に押し潰されたような形に進化させ、肢のモーメントのレバーを長くしたのです。そのため、人類の肩幅は大きく左右に張り出すことになり、内臓は腹背方向に押し分けられ、一つしかない器官である心臓、肝臓、膵臓《すいぞう》、脾臓《ひぞう》などは、身体の左右どちらかに偏在することになりました。また、肩を怒らせることは、人類の、特に男性にとっての強勢姿勢となりました。

一方、上肢は体支持機能や移動運動から解放され、手作業や道具の使用、手による運搬などが発達しました。解放された手は、様々な道具や芸術品、生活用具を生み出し、私たち人類の生活を大きく豊かに変化させせました。

直立姿勢は脳の大型化を許すことにもなりました。四足獣のように頭部が体幹の前方に突き出した形でついていると、脳が大きくなった時に頚部の筋を太くして支えなければなりませんが、直立姿勢の場合は、下から脳を支える形となり、筋の負担は少なくて済みます。これが脳の大型化を保証しました。脳の大型化とともに、機能分化が起き、脳の左右差が生じました。これが利き手、利き足、あるいは利き目、利き耳など、人類の運動と感覚の一側優位性（laterality）を生み出したのです。他の動物では、この一側優位性は顕著ではありません。

田中伊知郎氏によると、ニホンザルのノミ取り行動では一側優位性は認められないそうです。筆者も含め、大型類人猿の精密動作を行なう手（利き手）を調査した結果では、チンパンジーは右手利きと左手利きが約半々、ゴリラは右手利きが優勢、オランウータンは左手利きが優勢でした。人類では、約5万年前から右手利きが約9割と、高頻度になっていますが、それには何らかの淘汰圧が働いていると考えられます。

第5章

各地域への適応と移住拡散

第5章 各地域への適応と移住拡散

前章では初期人類から原人までの進化を扱ってきましたが、本章では原人以降、すなわち新人（ホモ・サピエンス）が誕生して世界各地に移住拡散していった頃の人類の身体の特徴について述べます。

そのために、まず体格・体型・体組成の意味について述べ、そのあとでアフリカでの適応の様子（アフリカで初期人類が手に入れた身体形質、すなわちアフリカ大陸の人類アフリカン・ニグロイドの身体形質）をまとめ、さらにそのあと、ヨーロッパ大陸へと進出した人類（ヨーロピアン・コーカソイド European Caucasoid）の身体形質と、アジア大陸へと進出した人類（アジアン・モンゴロイド Asian Mongoloid）の身体形質を述べます。

体格・体型・体組成

体格とは、体を構成する細胞の量（すなわち体重、正確には体質量）と捉えるといいでしょう。すなわち、体格が大きいとは、体重が重いということを意味しています。細胞自体の大きさは体格が大きくても小さくても変わらないので、体格が大きいということは多くの細胞を持っているということであり、細胞は産熱しているので、体格が大きいということは産熱量が多いことを意味しています。

体型とは、身体各部の相対的割合、すなわちプロポーション（つまり、体の形）を意味しています。

体表面積は放熱量に比例すると言えるので、一般に体型が等しければ、体格の大きいほうが体温保持には有利です。これは哺乳類一般に当てはまり、ベルクマンの法則「同系統の哺乳類では、寒冷地に行くに従って体重の重い個体が多くなる（大型化する）」として知られています。逆に、熱帯降雨林の中などの暑い地域では、体格の小さいほうが有利であり、中央アフリカのピグミーや東南アジアのピグモイドなどはその例になります。身長1メートル足らずのホモ・フロレシエンシス（約1・2万年前まで東南アジアのフローレス島で生きていた）も、こうした理由から小さい体格であったのかもしれません。

体格が異なる場合、たとえば細身になると、体重（産熱量）に対して相対的に表面積（放熱面積）が大きくなるため、暑い地方では細身のほうが有利です。アレンの法則「同系統の恒温動物は、寒冷地に行くに従って耳介《じかい》・吻部《ふんぶ》・頸部・四肢・尾・翼などの突出物が小さくなる」として知られています。

しかし、1年間を平均すると、熱を受けるという受熱環境下（主として赤外線で温められる地域）では、体格が小さいとすぐに体が温められてしまうので、熱帯の砂漠やサバンナなどの炎天下の熱帯では、体格が大きいほうが有利となります。このため、アフリカの砂漠地域や太平洋の島々などには体格の大きい人々がいるのです。

体組成とは、体を構成する各器官や組織がどのような割合で含まれているかを意味しています。とくに、地球のどこに住むかというような問題を考える場合、産熱組織と非産熱組織の割合が重要となります。筋肉は、産熱量を調節することが可能な産熱組織として重要です。非産熱組織の脂肪は、代謝した時のATP（エネルギー物質）産生量や、代謝水の産生、代謝産熱などが、糖質やタンパク質に比較して多く、エネルギー源としても、水源としても、あるいは熱源としても、蓄えておくことが有利であり、さらに、断熱性が高

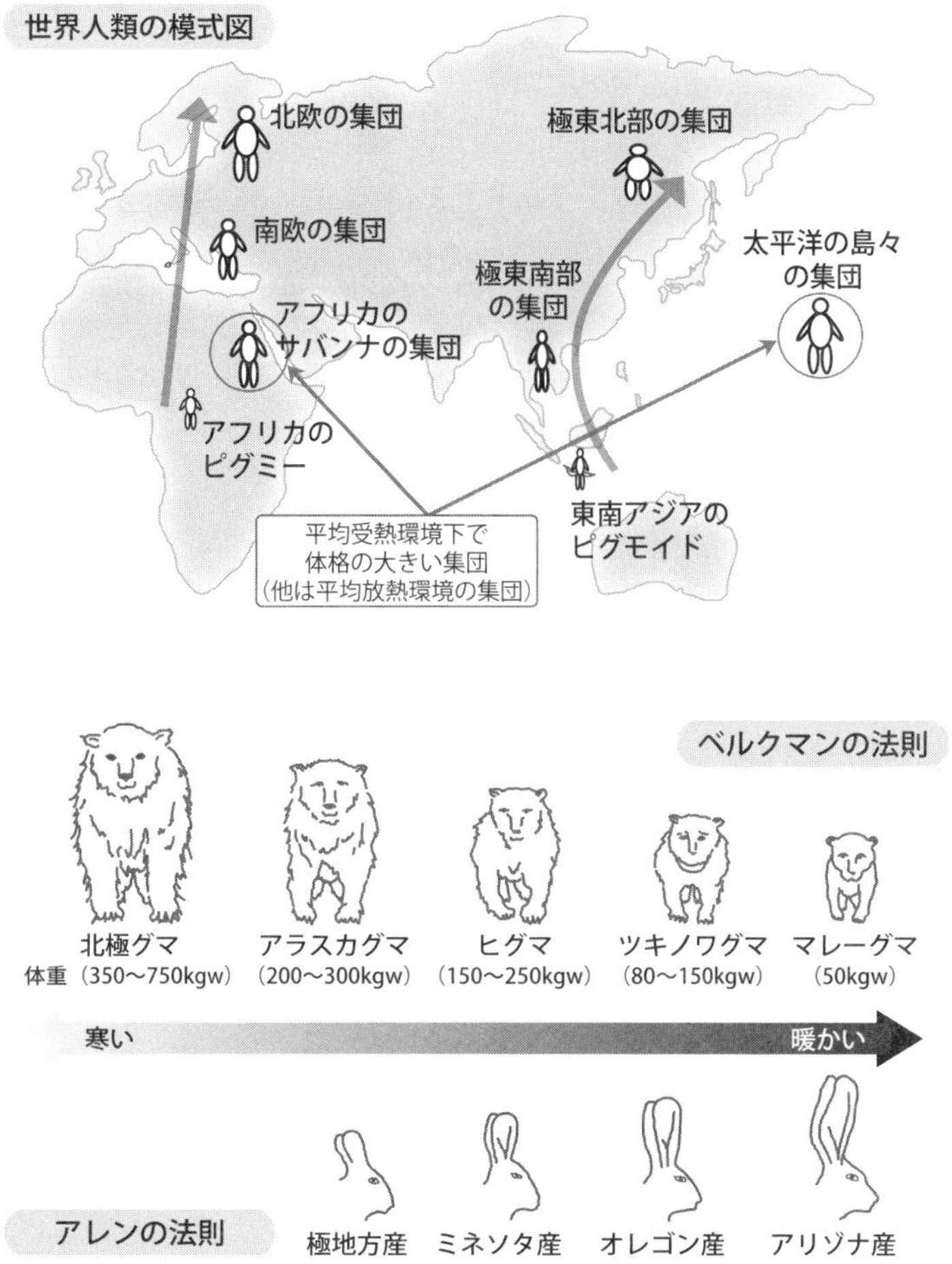
世界人類の模式図
北欧の集団
極東北部の集団
南欧の集団
太平洋の島々
の集団
極東南部
の集団
アフリカの
サバンナの集団
アフリカの
ピグミー
東南アジアの
ピグモイド
平均受熱環境下で
体格の大きい集団
(他は平均放熱環境の集団)
ベルクマンの法則
北極グマ
体重 (350〜750kgw)
アラスカグマ
(200〜300kgw)
ヒグマ
(150〜250kgw)
ツキノワグマ
(80〜150kgw)
マレーグマ
(50kgw)
寒い
暖かい
アレンの法則
極地方産
ミネソタ産
オレゴン産
アリゾナ産

図5・1

いため、皮下にあれば寒冷環境下では有利です。人類の女性は男性に比べて多量の脂肪を蓄えていますが、エネルギー源・水源・熱源を大量に保持して（おそらく出産などに備えて）生きるのを有利にしているのです。人類は性差としてこの脂肪量の差が顕著な珍しい動物です。

暑熱環境への適応

暑熱環境への適応能力は、アフリカにおける初期人類が獲得した身体特徴に現れています。すなわち、空気の温度が高く、赤外線による輻射熱が強く、紫外線も強い環境に対して、全身発汗という機能と、メラニン色素によるＵＶカットという機能により、適応したのです。

ここで述べる発汗機能とは、本来緊張した際に発汗する精神性発汗から発達した温熱性発汗のことですが、全身に約４５０万個存在する小汗腺が、暑熱時に大量の水分（と電解質）を放出・気化して体温を下げるのです。この小汗腺の中には、発汗能力の高い能動汗腺と、発汗能力の低い不能動汗腺があり、幼年期の発汗状態によりその割合が変化するこ

諸集団および日本人移住者の能動汗腺数

（単位：千個）

集団	検査人数	最小数	最大数	平均
アイヌ	12	1,069	1,991	1,443
ロシア人	6	1,636	2,137	1,886
日本人	11	1,781	2,756	2,282
台湾人	11	1,783	3,415	2,415
タイ人	9	1,742	3,121	2,422
フィリピン人	10	2,642	3,062	2,800
成人後タイ移住日本人	8	1,497	2,692	2,293
成人後フィリピン移住日本人	3	1,839	2,603	2,166
台湾出生日本人	6	2,439	3,059	2,715
タイ出生日本人	3	2,502	2,964	2,739
フィリピン出生日本人	15	2,589	4,026	2,778

（久野ら、1963より）

図5・2　諸集団および日本人移住者の能動汗腺数

とが知られています。つまり、子どもの時に暑い環境で育つと、よく汗を出す能動汗腺の割合が増えるのです。

暑熱環境の強い赤外線と紫外線に対して、初期人類はメラニン顆粒を多量に形成するというやり方で適応しました。メラニン顆粒は赤外線に対しても、紫外線に対しても、効率よく電磁波エネルギーを吸収し、振動のエネルギーに置換して、メラニン顆粒自身が熱くなり、電磁波エネルギーがその下の組織に影響を及ぼさないようにしているのです。髪のメラニン色素はその下の頭皮が熱くなるのを防ぎ、皮膚のメラニン色素はその下の毛細血管が熱くなるのを防いでいるのです。初期人類は現代のアフリカ黒人ほどではなかったにしても、相当にメラニン顆粒を皮膚に蓄えた黒人であったと想像することは無理なことではありません。アフリカ黒人のメラニン形成能力は高く、頭髪・皮膚・虹彩《こうさい》に多量に沈着していますが、手掌部と足底部には少ないという特徴を持っています。

メラニン顆粒はチロシンというアミノ酸から作られます。その際、チロシナーゼという酵素が欠損すると白子が生じるのです。白ヘビ・白クマ・白ウサギ・白色レグホンなど、白い動物のすべてはこの白子です。ここまでが暑熱環境への適応の仕組みと、それからもたらされる身体形質のまとめです。

低日照および寒冷環境への適応

低日照および寒冷環境への適応とは、出アフリカからヨーロッパ大陸へと進出した人類であるヨーロピアン・コーカソイドの獲得してきた適応能力です。低日照および寒冷という環境とは、高緯度に移るにつれて赤外線照射量が減少し、日差しは柔らかくなり、気温は涼しくなるということです。そして、それに伴う乾燥と紫外線量の低下を含んでいます。

さて、気温の低下に対して、どのように体格と体型の変化で適応したかについては、すでに説明しました。ヨーロッパ大陸では、北に行くに従って、体格が大きくなります。

しかし、ヨーロピアン・コーカソイドは、寒冷に対して皮下脂肪を多量につけるというやり方では適応しませんでした。その分、いっそう体格の大型化が顕著です。また、皮下脂肪が薄く後眼窩《こうがんか》脂肪体が少ないため、眼球が眼窩奥に位置し（眼が落ち窪み）、よけいに二重瞼となりやすいことも特徴です。眼窩とは、眼球を入れる頭骨のくぼみです。また、頬《きょう》脂肪体も少ないため、頬がこけ、いわゆる彫りの深い顔となっています。

温度の低下に伴う乾燥に対しても、ヨーロピアン・コーカソイドは長い鼻を獲得することにより適応しました（人体では垂直方向に大きい場合を「高い」、前後方向に大きい場合を「長い」と言うので、ヨーロピアン・コーカソイドの鼻は長いのです)。ヨーロピアン・コーカソイドの長い鼻は、冷たく乾燥した外気をここで温め、湿り気を与えて肺に送るのです。

また、それまで放熱装置となっていた渦状毛は長さを増し、ヨーロピアン・コーカソイド特有の波状毛となりました。やや垂直に立ち上がった長い波状毛は、放熱装置から暖房装置となったのです。そして、この暖房装置としての特徴をさらに強めたのが、アジアン・モンゴロイドの髪なのです。モンゴロイドの髪はもっとも長く、数が多く寿命も長いのです。

また、紫外線量の低下に対して、ヨーロピアン・コーカソイドはメラニン顆粒を少なくするというやり方で適応しました。紫外線はビタミンDを合成しています。このために、紫外線照射が少ない高緯度地方に行くほど、日光浴など紫外線を浴びる生活習慣が必要となってきます。

ビタミンDの生理作用は、カルシウムの小腸での吸収を助け、カルシウムの骨への沈着を促進することなので、ビタミンD不足になると「くる病」となり、骨の軟化や変形が生じてきます。くる病はヨーロピアン・コーカソイドに多い疾患で、ヨーロッパ大陸に進出した人類が悩まされた病気であっただろうと思われます。

ヨーロピアン・コーカソイドの髪の形状については前述しましたが、このようにメラニンが少なくなるので、頭髪は褐色から淡い栗毛色、そして、さらにメラニンがほとんど含まれない金髪、さらに銀髪までと、さまざまな色となります。

虹彩の色も、メラニンの減少に伴い、虹彩に分布する血管壁の青緑色や血液の赤色が見えるようになり、それらの色の組み合わせにより、さまざまな色合いの虹彩（アイリス Iris ギリシア神話の神々の使い、虹の女神イリスに因む）となります。

ブロンドとは、通常金髪のことに使われていますが、一見して虹彩の色が髪より鮮やかに目立つような青い眼で金髪（金髪碧眼）の場合や、髪が赤褐色から黄褐色、さらに灰色まで用いられることがあります。ブルネットは茶褐色の髪に用いますが、一見して虹彩より髪のほうが目立つ場合などにも使われます。ブロンドもブルネットも、皮膚色にも使われますが、いずれにしてもヨーロピアン・コーカソイドは皮膚の色・髪の色・虹彩の色の変異が大きい集団で、美意識や個性の表出にも、これらが大いに関係していると言うことができるでしょう。

寒冷・乾燥・低紫外線という環境が、ヨーロピアン・コーカソイドの住む環境なのです。

四季の変化および寒冷環境への適応

四季の変化および寒冷環境への適応能力とは、とりもなおさず出アフリカからアジア大陸へと進出した人類、アジアン・モンゴロイドが獲得してきた身体特徴です。

四季の変化および寒冷環境の要素とは、寒冷と乾燥についてはヨーロッパと同様に考えればいいのですが、それに、日本を含む中緯度地方の特色として、北緯30度付近を中心に帯状に高気圧を生み出し、それに伴って赤道側では東風の貿易風、極側では偏西風が形成され、高気圧に動かされて前線が南北に移動して四季が形成されることを付け加えなければなりません。

寒冷・乾燥に対する体格や体型の基本的特徴は前述の通りですが、アジアン・モンゴロイドは、体型についてはヨーロピアン・コーカソイドよりも、より寒冷適応を遂げています。つまり、寒冷地に行くに従って、よりずんぐりとした丸い体型（体重に対して相対的に体表面積の少ない体型）になっています。

また、皮下脂肪についても、より高緯度に行くに従い、多量に、また、皮下にくまなく分布させており、寒冷適応能力としては、北極グマやマンモスらとともに最高水準にまで達しています。この集団だからこそ、氷河期の最盛期（古典的に言えば第四氷河期の中で最も寒くなった小氷期の頃）にベーリンジア（ベーリング海峡が氷で覆われ、アジア大陸と北アメリカ大陸が陸続きになって出来た陸橋）を渡って、マンモス・ハンターとして北アメリカ大陸へと行ったのです。

皮下脂肪については、とくに顔面部に厚く沈着させており、これも、他の集団と大きく異なるアジアン・モンゴロイドの際立つ特徴となっています。また、顔面骨格の違い（後述の副鼻腔との関係による）と併せて、アジアン・モンゴロイド独特の顔つきを生み出しています。とくに、眼瞼《がんけん》（まぶたのこと）部に付く厚い皮下脂肪は、特徴的な蒙古襞《もうこひだ》（蒙《もう》古皺襞《こすうへき》もしくは内眼角襞《ないがんかくひだ》とも言う）を形成し、一重瞼で睫毛《まつげ》が奥から生えているような印象を与え、また、上眼瞼《うわまぶた》が重く垂れ下がるため、細目となっています。

顔面部には、さらに脂肪が沈着しています。眼球を入れている眼窩の奥、すなわち、眼球の裏に脂肪体が蓄えられ、後眼窩脂肪体と呼ばれています。眼球を寒冷から守るためです。また、頬の皮膚の中に頬脂肪体が蓄えられています。後眼窩脂肪体と頬脂肪体には毛細血管が密に分布しており、脂肪をエネルギー源として使う場合には、すぐ利用されます。従って、病気などでエネルギー物質をたくさん必要とする場合などは、眼が落ち窪

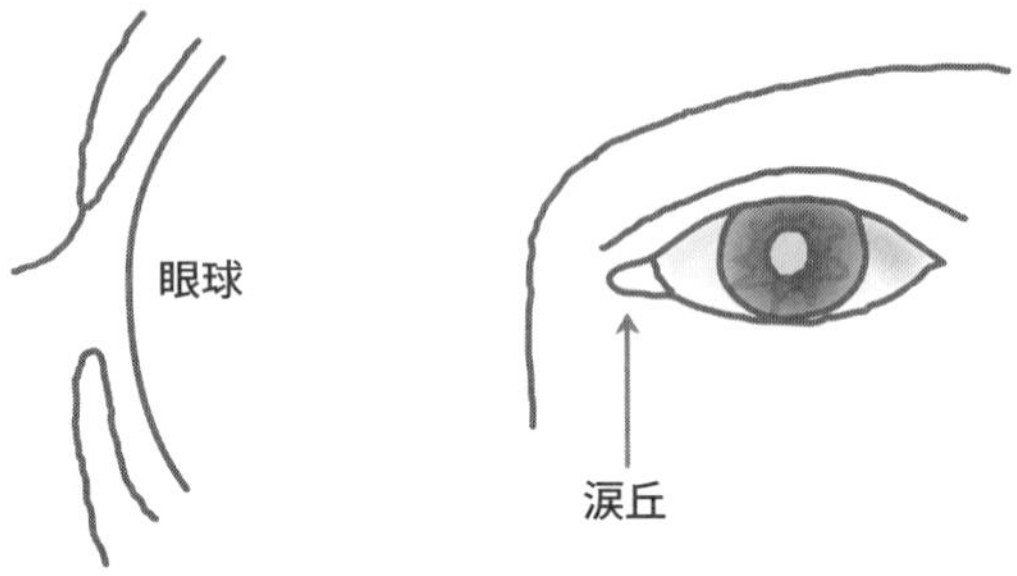

(a) ヨーロピアン・コーカソイド
アフリカン・ニグロイド

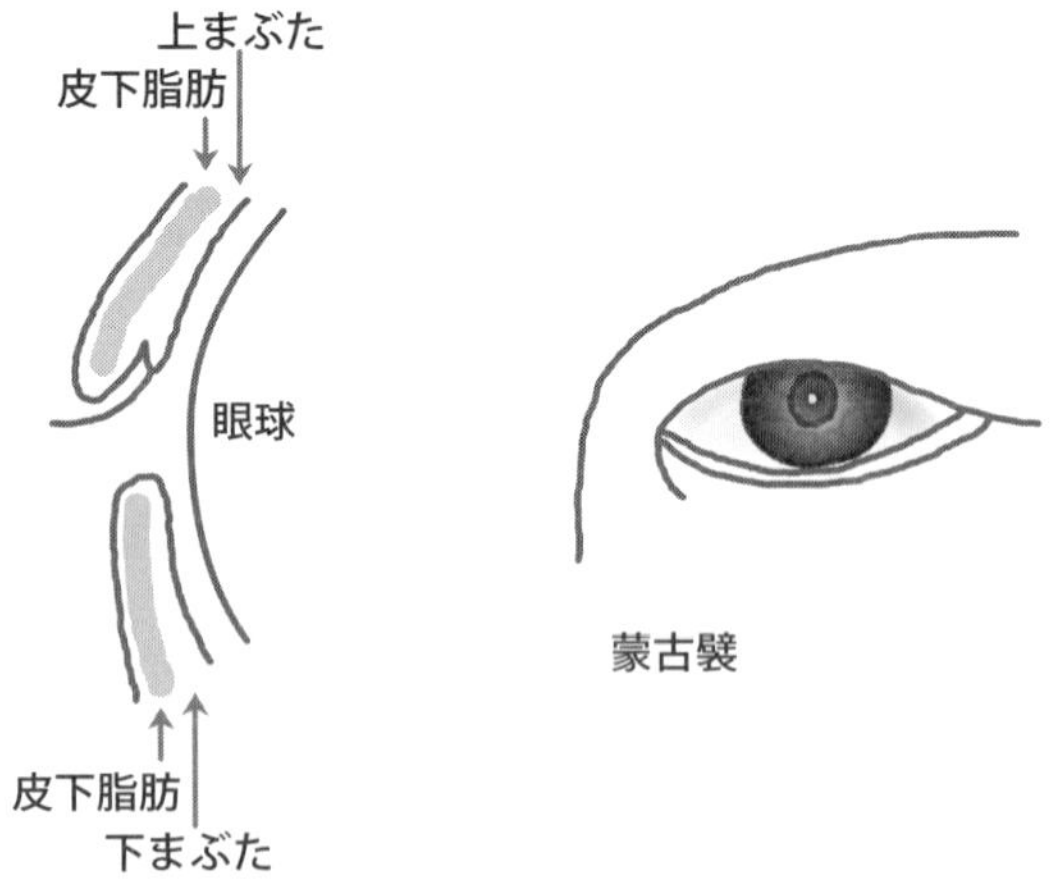

(b) アジアン・モンゴロイド

図5・3

み、頬がこけるのです。アジアン・モンゴロイドの眼は後眼窩脂肪体に押されて前に出ているため、顔を横から見ると、眼窩の骨端よりも眼球が飛び出しています。指を立てて眼球に当ててみると、アジアン・モンゴロイドは上下の眼窩骨端に触れるより前に眼球にぶつかってしまいます。ヨーロピアン・コーカソイドやアフリカン・ニグロイド（African Negroid）では、このようなことはありません。彫りのない、丸みを帯びた顔がアジアン・モンゴロイドの顔なのです。

アジアン・モンゴロイドの体毛は、長く、また、広く生える方向に進化してきました。頭髪についても、断面はさらに丸く、太くなり、本数も増え、長さも長くなり、毛の寿命も延びました（頭髪は10～12万本と言われ、1本毎の寿命は約10年と言われています。従って、1日当たり30本程度抜けていく計算になります）。皮膚からの立ち上がりも垂直に近く、従って、髪の根元に出来る空気層は厚くなり、直毛であるため温かい空気の漏れも少なく、高性能の暖房装置となったのです。

髪の色は黒褐色から栗色まで変異し、また、皮膚や虹彩も、同様に黒褐色から栗色までとなっています。

しかし、なんといっても、アジアン・モンゴロイドに際立ったメラニンの特徴は、四季の変化に合わせて体色変化ができるということです。紫外線が強い夏はニグロイド並みの黒い体色とすることができ、紫外線の弱い冬は、(ビタミンD合成のために)薄い体色に変化させることができます。ヨーロッパ南部のコーカソイドも体色変化は可能ですが、アジアン・モンゴロイドの体色変化の能力のほうが格段に高いのです。

また、寒冷かつ乾燥した空気を吸い込むことに適応して、アジアン・モンゴロイドは鼻腔を取り巻く骨に空気を含ませ、吸い込んだ空気を温め、湿り気を与えるようにしました。これらの骨に空いた空洞を総称して、副鼻腔《ふくびくう》と言います。この空洞は前頭骨・上顎骨・篩《し》骨《こつ》・蝶形骨《ちょうけいこつ》にもあり、それぞれ、前頭洞・上顎洞・篩骨洞・蝶形骨洞と言います。それらの空洞は、眼球の保温にも役立っています。

さらに、この副鼻腔内の粘膜は、吸い込んだ空気内の雑菌に対する免疫機能も有していて、ウイルスや雑菌が入り込んだ場合など、副鼻腔に引き入れて、大食細胞(マクロファージ)などの免疫細胞が戦う場所となっています。風邪の時、副鼻腔に膿が溜まって重たく感じることがありますが、これは副鼻腔内に戦いの残骸すなわち大食細胞など白血球やウイルス、雑菌の残骸である膿が溜まっているためであり、戦いとしてはすでに終盤となっていることを意味しています。この副鼻腔のおかげで、アジアン・モンゴロイドの顔はさらに平坦に、また、横に広くなっています。

アジアン・モンゴロイドに特有というわけではありませんが、次のような寒冷適応能力も挙げておきます。

人類の指先や耳垂《じすい》（耳たぶ）には、ハンチング・テンパラチャー・リアクション（hunting temperature reaction）と呼ばれる機能があります。指先を摂氏0度の氷水に浸けると、指先温度は低下していきます。これは毛細血管反射により、寒冷暴露された指先の毛細血管が収縮して、血液を流れ難くするためです。温かい血液が流れないため、指先は冷やされていきます。しかし、ある程度まで温度が下がると、動脈と静脈を繋ぐ動静脈吻合枝《ふんごうし》にあるホイヤー・グローサー器官（Hoyer-Grosser's organ）というバイパス器官が、通常は閉じていて動脈血と静脈血が混ざらないようにしているのですが、一時的に開いて温かい血液を流し、周囲を温めます。そして、ホイヤー・グローサー器官が順次末梢まで開いていき、指先は温められます。しかし、しばらくすると、ホイヤー・グローサー器官が再び閉じて指先温度は低下していきます。ハンチング・テンパラチャー・リアクションとは、これを繰り返すことにより指先が凍傷にかからないようにするための特殊な機能なのです。個人差も大きいですが、年少時までの寒冷暴露により後天的に鍛えられることが知られていま

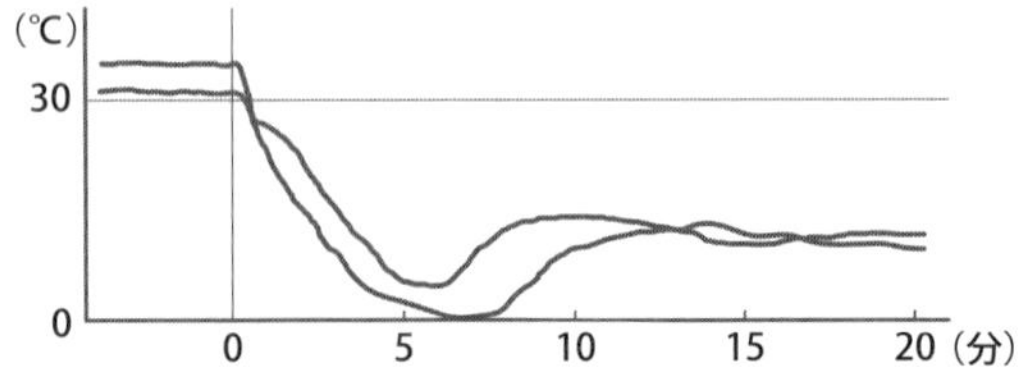

（a）ハンチング・テンパラチャー・リアクション

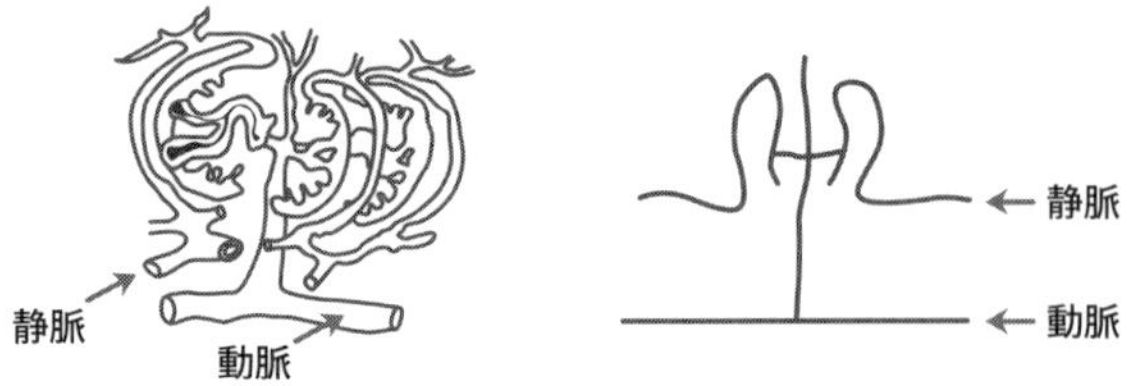

（b）ホイヤー・グローサー器官

図 5・4

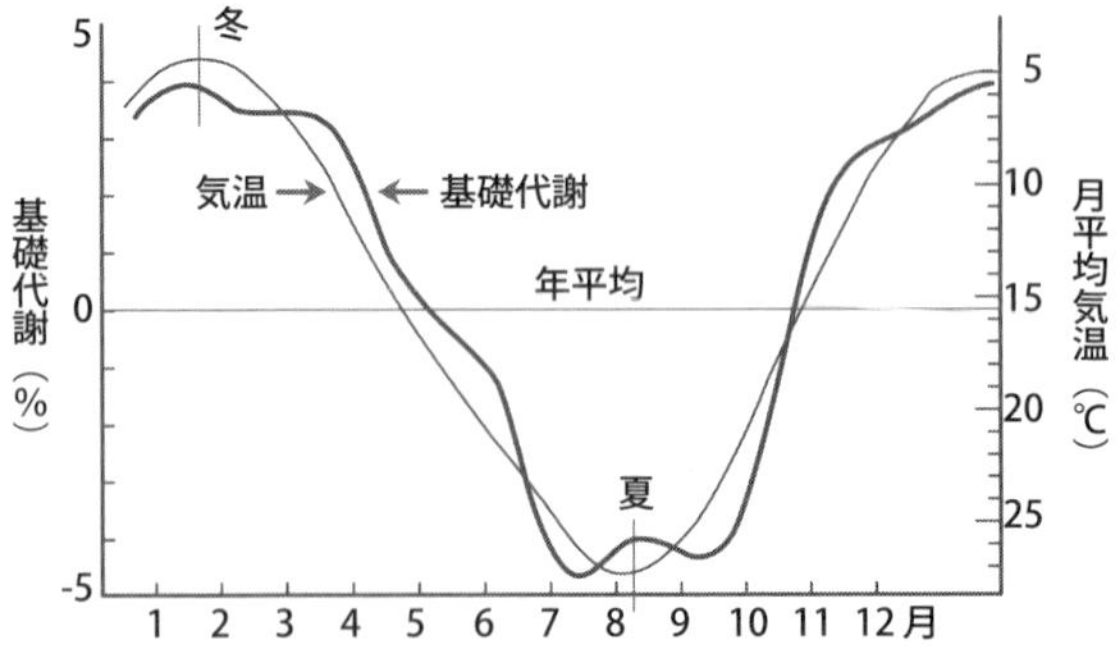

図 5・5

す。換言すると、小さい時にこの機能をトレーニングしておかないと凍傷にかかりやすくなるとも言えます。

さらに、四季の変化に適応したアジアン・モンゴロイドは、1年間を通して基礎代謝量（活動せずに最低限の生命活動を維持する代謝量。通常は起床時にそのままの状態で呼気分析などにより測定する）が夏に向かって減少していき、冬に向かっては上昇していくという年周期を示します。

代謝産熱を減らすということは食事を減らすことであり、これが夏に向けての食欲減退という現象となっています。食事を減らして代謝産熱を下げるということは産生されるATPも少なくなるわけで、筋作業などではすぐにバテてしまうわけです。これが夏バテです。冬季に蓄えていた皮下脂肪もオーバーコートを着たままの状態と同じなのでどんどん消費してしまい、夏痩せになり、そのぶん、食事はいらないことになります。食欲がなく、体重が落ちてすぐへばるのですが、これが夏期に産熱を下げるのに必要なのです。また、冬に向かっては、代謝産熱を高めるために、必要産熱以上にどんどん食べて、皮下脂肪として蓄えます。食欲の秋であり、冬太りです。また、ATPが多量に産出されるので活動的となります。スポーツの秋です。また、四季のある地域ではさまざまな果実や作物の収穫と重なる時期です。収穫祭など、さまざまな祭りが四季の変化のある地域を彩ることになります。その本態は、代謝速度を調節している甲状腺ホルモンの分泌量を年周期で調節しているのです。

このため、初夏のまだ代謝産熱が低下しきらない時期のほうが真夏よりも暑さがつらく、また、初秋のまだ代謝産熱が高くならない時期のほうが真冬よりも寒さがこたえるのです。これらの時期に合わせて、アジアン・モンゴロイドは衣替えなど、生活技術で適応しています。しかし、こうした基礎代謝の年周期性も、食生活に季節性がなくなり、冷暖房完備で季節性がなくなっていく現状で、どこまで維持されているのかは追試されていません。

衣替えの歴史について少し述べてみましょう。日本の衣替えの習慣は、平安時代に宮中の行事として始まりました。当時は中国の風習に倣って旧暦の4月1日と10月1日に行なわれており、夏装束と冬装束へと着替え、更衣《こうい》と呼んでいました。

鎌倉時代になると、調度品なども換えるようになり、女房（貴婦人）は、冬は桧扇《ひおうぎ》、夏は蝙蝠《かわほり》（竹と紙で出来た扇）と定められていました。衣装替えに対して調度替えと称します。

江戸時代の武家社会ではさらに複雑化して、旧暦4月1日に冬の小袖《こそで》を袷《あわせ》（裏地つきの着物）に換え、5月5日からは麻の単衣《ひとえ》（裏地なしの着物）の帷子《かたびら》に換え、さらに8月16日からは生絹《すずし》に、9月1日に再び袷にして、9月9日からは綿入れ（表地と裏地の間に綿を入れた着物）の小袖、さらに10月1日からは練り絹（練って柔らかにした絹布）の綿入れにと衣替えしました。

明治時代以降は、国家公務員の制服を新暦の6月1日と10月1日に換える制度が決められましたが、庶民はほぼ6月1日に単衣、7月1日に薄物、9月1日に再び単衣、10月1日に袷にするなどしていました。

冷暖房完備の現代では、衣替えは急速になくなりつつある習慣ですが、6月1日と10月1日（沖縄では5月1日と11月1日）に行なわれています。

なお、平安時代、天皇の着替えをする女官の職名を更衣と言い、のちに天皇の寝所に奉仕する女官で女御に次ぐ地位の者を更衣と呼ぶようになったので、庶民は更衣のことを衣替えと言うようになりました。また、神に対しても更衣をするとし、祭りとして伝えられています。島根県の熊野神社や大宰府神社の更衣祭、明治神宮や静岡県の浅間神社の御衣祭、滋賀県の御上神社の神御衣祭などです。

重要なことは、四季の変化のある環境に住む人々は、こうした豊かな文化を用いてこの環境に適応しているということであり、そのことが四季の変化のある地域の単調ではない多様な生活文化を生み出しているということです。

第6章

直立二足歩行、手の働き、言語と意識の機構

第6章 直立二足歩行、手の働き、言語と意識の機構

人類に特有な身体的特徴については、第3章でたくさんの特徴点を述べましたが、それらの中で最も基本的な特徴は、まずなんといっても直立姿勢をとり、二足歩行をすることです。また、直立によって手が身体の支持や移動運動から解放されたため、手指が器用になって道具使用への道を開いたことです。さらに、脳が発達していて、言葉を話すことができることも挙げられるでしょう。本章ではそれらの身体機構について、現在までにわかっていることを説明します。また、心の基礎になる意識の脳内機構についても簡単に述べることにしましょう。

直立姿勢を維持する機構

直立した身体の重心は、脊柱が腰部で強く前湾する所、すなわち第五腰椎と仙骨の腹側の境目（岬角《ほうかく》 promontorium）あたりにあり、床から身長の約55％の高さにあります。また、重心線は、体重を支える狭い足底部の面積の範囲内になければなりません。だから、直立した身体は非常に不安定な姿勢なのです。

さらに、身体には、頸、腰、股、膝、足の関節のように、動き易い関節がいくつもあって、身体が関節の所で曲がらないようにしなければなりませんが、これらの関節のうち、頸、腰、股、膝の関節については、そのすぐそばを重心線が通るようにして、うまく身体のバランスを保って立つことができても、足関節だけは重心線が関節の回転中心のかなり前、つまり足の甲あたり（足底から見れば土踏まず）を通るので、足関節には、身体が前に倒れる回転力がかかります。その結果、前に傾く身体を引き止めるために、ふくらはぎの筋肉（下腿三頭筋《かたいさんとうきん》 m. triceps surae）がたえず働いています。

また、直立する身体は、本来的に不安定な構造の上に、さらに自らの呼吸や心臓の拍動が及ぼす力が加わって、関節がたえず細かく動いて身体の揺れを生み出しています。その

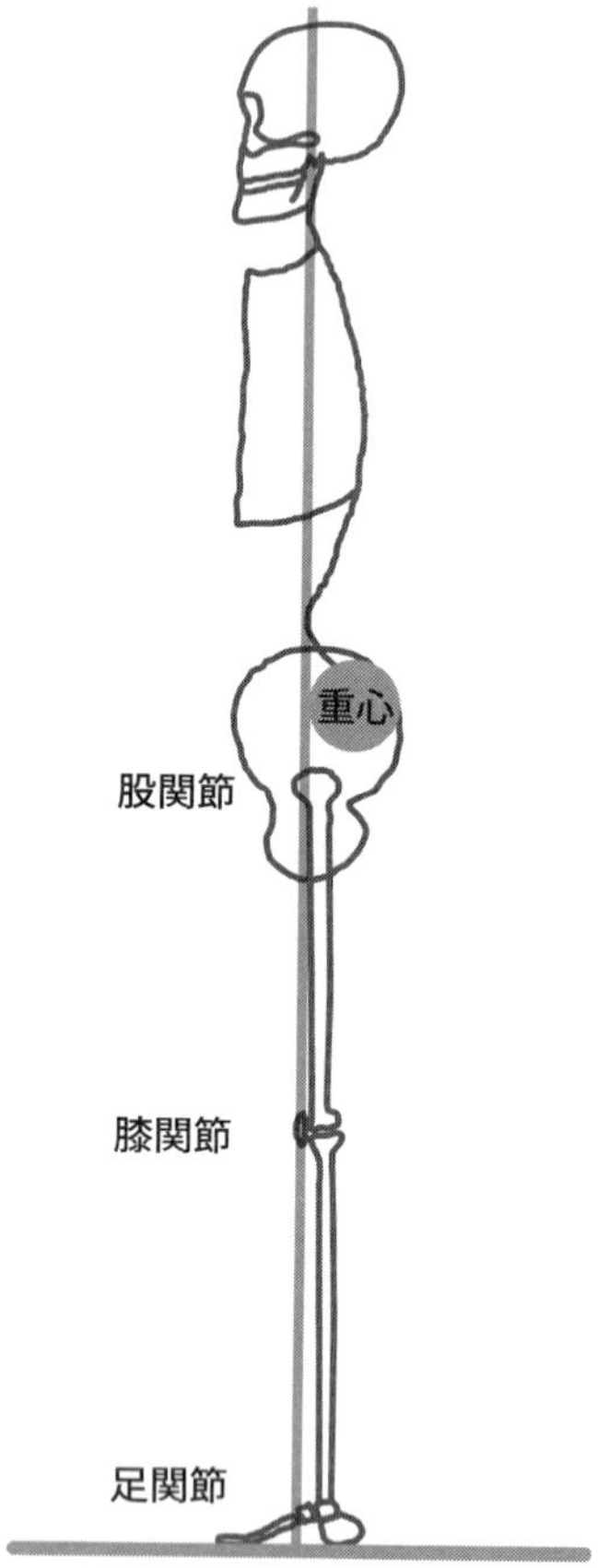

図6・1　　直立時、身体の重心を通る垂線は股関節、膝関節近辺を通ったあと、足関節の前方、土踏まずあたりに落ちます。足関節には身体を前に倒す力が加わり、それを下腿にあるふくらはぎの筋肉で支えます。

場合、足関節と腰関節の可動性が重要のようです。直立時の身体動揺は左右方向よりも前後方向の揺れのほうが大きく、また、揺れには、不規則で緩やかな揺れと、やや規則的な速い揺れが混じっています。さらに、足関節より上の身体部分は決して棒のようになって動いているのではなく、むしろ風にそよぐ葦のように、波打つような揺れかたをしているようです。

そして、揺れに対処して、直立姿勢を維持する一時的でごく弱い筋活動（抗動揺活動 anti-sway activities）が多くの筋に見られます。この筋活動には、揺れで傾いた側の反対側にある筋が働いて、傾いた身体を元に戻す働き（身体動揺補正作用）と、関節の両側にある複数の筋が同時に働いて、関節が動かないように固定する働き（身体動揺阻止作用）の2種類の働きがあります。

以上をまとめると、前に倒れようとする身体を後ろから引っ張って支える持続的筋活動の上に、身体の動揺を補正ないし阻止する筋活動が重なったものが、直立姿勢を維持する筋活動です。

その筋活動の調節機構として重要なものが伸張反射（stretch reflex）です。また、筋活動に影響を与える感覚器官として、筋、腱、靭帯《じんたい》などにある感覚受容器の他に、内耳の迷路にある耳石器や半器官、足底部の皮膚の感覚受容器、視覚器官などが挙げられますが、これらの器官からの情報によって、姿勢の維持や調整が行なわれていると考えられます。

直立二足歩行の機構

ヒトの歩行は直立姿勢をベースにしており、両下肢の働きにより身体の支持と推進が行なわれます。足底部は、踵《かかと》から外側縁を経て小指球、拇指球、拇指末節の順序で接地離地を行なっています。下肢部は左右肢が交互に屈曲と伸展を行なっています。歩行の1サイクルのうちに、腰関節や足関節では各1回の屈曲と伸展が行なわれますが、膝関節では屈曲と伸展を2回行なっています。また、歩行では単脚支持期の他に両脚支持期があり、速く歩くと後者が短縮します。

歩行するヒトを横から見ると、身体の上下動や前傾運動が見られます。身体が高くなるのは単脚支持期の半ば頃で、この時は身体も垂直ですが、その後の両脚支持期で、身体は低くなり、また、前傾姿勢になります。

前後または上下から見ると、身体は単脚支持期に支持脚側に動き、歩行中の身体は左右に動きます。身体が最も外側に動いた時は、身体が最も高くなった時と一致します。また、腰は後ろに蹴り出している肢の側が後ろに回転し、前へ振り出されている肢の側が前へ回転しています。歩幅を大きくすると、この腰の回転が大きくなり、それに対して、上体は逆方向に回転して、身体のバランスを保っています。

肩部は腰部とは逆方向に回転しますので、肩先に付いている上肢も、下肢とは逆の前後運動をします。すなわち、お互いに反対側の上下肢が同じ方向への前後運動をすることになりますが、しかし、ほんのわずかですが下肢のほうが上肢よりも先に同じ方向に動くのです。つまり、右下肢の次に左上肢が動き、続いて左下肢、右上肢の順で動くのです。

前にも述べましたが、サル類の四足歩行にもこれと同じ四肢の動き順が見られ、この歩行形式を前方交叉型と言います。移動の主動肢（prime mover）が下肢なので、身体のバランスを保つために補正する胴部の働きの一部として、反対側の上肢が従属的にやや遅れて動くと考えられます。それに対して、歩行の際の一般四足動物の四肢の運動順序は逆の動き順であり、それを後方交叉型と言います。

なお、歩行における身体運動については、上下動、前傾運動、左右動、左右転などの他に、左右傾もあります。すなわち、支持肢側の腰に比べて離地肢側の腰が低くなって腰に

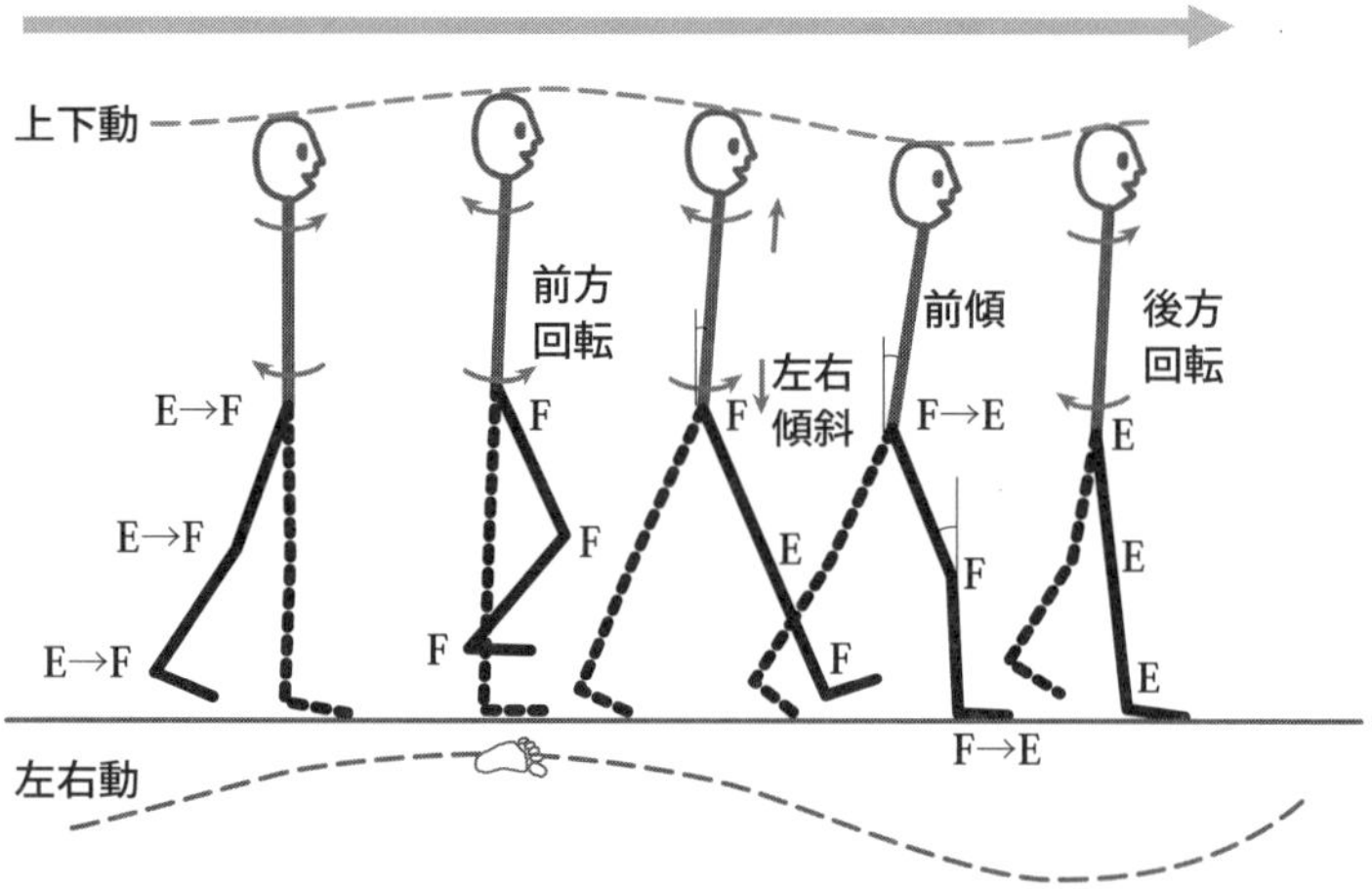

図6・2　ヒトが歩行する時、身体にはいろいろな動きが見られます。全身の上下動や左右動、前傾運動の他、腰の回転や傾斜などです。肩部は腰部とは逆の回転運動をしてバランスを保つので、上肢は下肢とは逆方向に動きます。（富田 他『生理人類学』朝倉書店、1999より）

左右方向の傾きが生じ、それに対して左右の肩部が逆の傾きをして補正するので、身体には僅かな左右方向へのくねり運動が生じるのです。

歩行において足が床に及ぼす力は、床反力計《ゆかはんりょくけい》により垂直方向、水平前後方向、水平左右方向の3方向への分力として記録されます。これらの分力を合成して出来た力のベクトルは、概して垂直方向に近い範囲内で変化しますが、踵の接地からつま先の離地までの間、やや内側前方に加えられた大きな力が、外側方向へと回転しながら一旦やや減少したあと、ふたたび大きくなりながら後方へと向かうようなものです。

垂直方向の分力は接地初期と後期に大きく、中間期にやや小さくなるパターンを示し、このパターンが人類特有のストライド歩行の特徴です。接地初期の大きな力は身体が床に落下する力を表しており、体重よりもやや大きくなります。中間部では支持肢の足底部がフラットになって膝が伸展し、身体は反跳して体重よりもやや軽くなっています。後半部は足関節の伸展により身体が床から蹴り出されており、体重よりもやや大きな力が床に加わっています。

水平前後方向への分力は、接地後前方への力が増大してピークに達したあと、減少し、次いで、接地後半の蹴り出しに応じて、後方への力が増大します。水平左右方向への分力

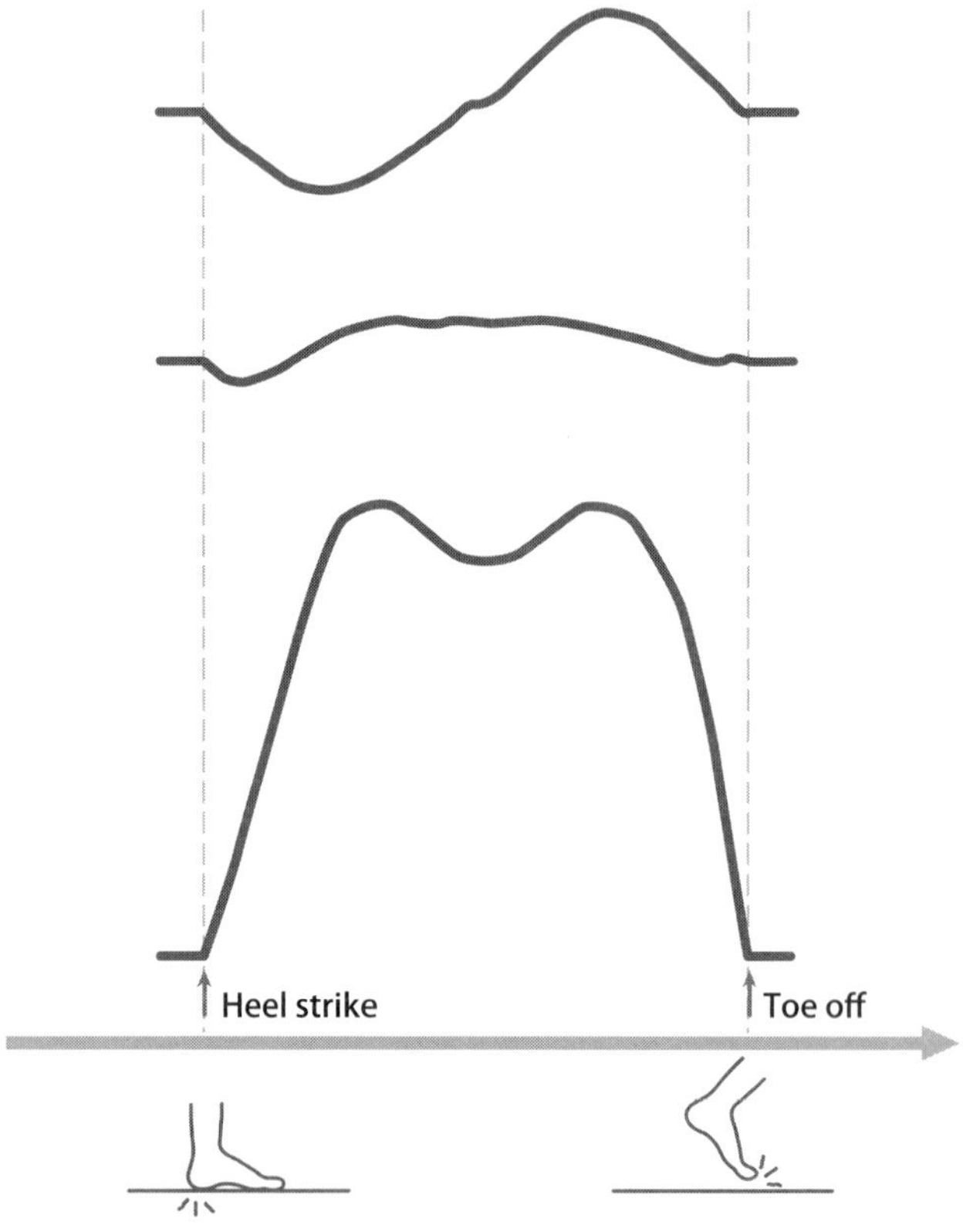

図 6・3　歩行の際の足が床に及ぼす力を、前後（上図）、左右（中図）、上下（下図）への力に分けて示します。時間は左から右方へと進みます。

は、踵が接地した時のみ少し内側方向に働きますが、以後、接地期の大部分は、僅かに外側方向に働きます。なお、水平前後方向への分力のピーク値は、体重の約2割、水平左右方向への分力のピーク値は、体重の約1割以内であると言われます。

歩行中枢については、動物実験で、視床下核から中脳、橋にかけての領域が関与していると考えられていますが、ヒトについてはまだよくわかっていません。

歩行のエネルギー消費量については、速度を速めると急速にエネルギー消費量が増大し、時速8キロメートルあたりで走るときより大きくなります。ですから、それ以上の速度を出す時は、歩くよりも走ったほうが楽になります。

器用な手の働きの機構

ヒトの手には、手掌と手指全体を使った「握る」働きと、第一指（拇指）の指先と他の指の指先が対向する「つまむ」働き（拇指対向性）があります。手掌や指先にある掌紋や指紋、そこに豊富に分布する汗腺や皮膚の感覚受容器、指の末節背側にある平爪なども、握ったりつまんだりする行動を効果的にするように働いています。

手の握る働きやつまむ働きは霊長類として他のサル類とも共通の働きですが、ヒトでは特につまむ働きが優れています。大脳皮質の運動野においても、手の筋活動を支配する領域は、顔の筋肉を支配する領域とともに非常に広い面積を占めています。

ヒトの器用な行動において、左右の手の機能分化が著しく進んでいます。器用さを要する作業をする時に動的に動く側の手、すなわち細かな動きをする時におもに使われる側の手を利き手（handedness）と言います。原人以来、人類は手で道具を作り使うようになりましたが、そのことが利き手を発達させたと考えられます。

古今東西の人々についての広範な資料調査によれば、人類では約90％が右利きだそうです。また、左利きは約８％だそうです。利き手には文化の規制も大きく影響し、日本などは、右利きへの規制が強い文化です。しかし、人類全体としては、右利きが古今東西優位であり、これには、何らかの生物学的基盤があると考えられています。一方、サル類を含む他の動物では、個体によって片側の手をよく使うことはありますが、集団として見た場合には、利き手があるとは言えません。従って、利き手は人類特有の特徴と言えるでしょう。しかし、今までの利き手調査には、判定基準に問題があると考えられます。

以下、著者の研究結果を述べます。手を使う多くの動作について、手の使い方が静的

（static）か、それとも動的（dynamic）か、また、手掌と手指の全体を使うか、それともおもに手指だけを使うかを区別し、両者をクロスさせますと、

1．手全体を静的に使う（手全体が何かの物をじっと握っていて、手首や腕を動的に使う。例えば金槌で釘を打つ動作など）

2．手指だけを静的に使う（手指で何かの物をつまんでいて、手首や腕を動的に使う。例えば鍵を回す動作など）

3．手全体を動的に使う（手掌と手指の全体で何かの物を握っていて手全体を動かしながら使う。例えば鉛筆で字を書く動作など）

4．手指だけを動的に使う（手指の動きだけで何かの物に働きかける。例えばソロバンをはじいたりタイプのキイを打ったりする動作）

の4とおりの動作に分類できます。

それぞれの動作について使う手の優位側を調べた結果、利き手が最もはっきりするのは、鉛筆で字を書く動作や鋏で紙を切る動作などのように、腕はあまり動かさず、おもに手全体を動的に使うものでした。その他、動作にはおもに手首や腕を動的に使い、手全体を静的に使うもの（例えば金槌を使う、包丁で切る、ボールを投げる、平手打ちなど）も、使

う手の優位側がはっきりする動作でした。そして、腕や掌をあまり動かさず、手指だけを動的に使う動作では、利き手があまりはっきりしないという結果になりました。また、当然のことですが、腕や手全体を静的に使う動作では、利き手がはっきりしませんでした。

普通に利き手と言われている現象は、腕はあまり動かさず、手全体（手指と掌）を動的に動かす動作の他、それとは逆の手や腕の使い方、すなわち手全体は静的で腕のほうを動的に使う動作に強く現れるように思われます。前者が真の意味での利き手で、後者は利き腕と言うべきものかもしれません。今後、調査の際には、この結果を参考にしてほしいと思います。

その他、ヒト特有の腕運動として、上手投げ（overhand throwing）が挙げられます。サル類は腕を上に挙げることができるのに、物を投げる時には下手投げが普通です。ヒトの上手投げでは、投げる動作の最後に手指を屈曲位から伸展位に変化させて手の中にあった物を放出するわけで、サルのように腕を上に伸ばして手を伸展位から屈曲位へと変化させて最後に枝を握るのではありません。ヒトは、腕を伸ばして最後に手を開くという、サルとは全く逆の運動機構を持っているわけで、これは、直立して地上で石や槍などを投げて生活する中で獲得された、原人以来の新しい適応行動と考えられます。

なお、田中秀幸が指摘しているように、ヒトの上手投げにおける手足の運動順序は前方交叉型です。

言語と意識の機構

人類は集団で生活する社会的動物であり、呼息（吐く息）を使った音声言語によるコミュニケーションが発達しています。言語の本質はシンボル性（象徴性）です。人類では違う集団毎に違う言語体系を発達させてきましたが、すべての言語に共通な性質もあります。すなわち、すべての言語に音韻、単語、文法があり、自分やあなたなどの人称の使い分けや、過去、現在、未来の区別があります。さらに、言語習得は、歩行習得と同様に、身体の発達過程の一部であるように見えます。

生後3か月で、話された言葉に対して左側頭葉が広く活性化し、また、生後6か月には片言、18か月までには約１５０語を理解、約50語を話し、3歳では完全な文が作れると言われます。

人類は直立によって喉頭が下降したので、共鳴管として働いている、喉頭《こうとう》から咽頭、口腔を経て口唇に至るまでの空間が広くなりました。また、赤唇縁が発達した口唇を使って、m、b、p、f、w、v、wh などの、言語音として重要な子音が上手に発音できるようになりました。

言語を話す時には、喉頭の声帯筋の他、呼吸筋、舌筋、咀嚼筋、顔面筋など、多くの筋肉が時間的空間的に複雑な協調運動を行なっており、速く話す時には、それぞれの音素に対応する複雑な筋活動パターンが毎秒十数回も変化するので、その基盤には、何らかの自動機構の存在が考えられています。

すなわち、発話を制御する下位中枢機構には、かなり速く話せる能力があるようです。しかし、実際には、言葉は比較的ゆっくりと話されることが多く、それは、脳のゆっくりとした思考速度のためと考えられます。

言語の上位中枢機構は大脳にあり、それを言語中枢と言います。ヒトでは言語中枢が大脳の左半球にある人が圧倒的に多く、大脳左半球を優位半球（dominant hemisphere）と言います。右利き（91％）の人の96％、左利き（8％）の人の70％、従って全体では93％の人において、左半球が優位半球です。なお、右半球が優位半球の人は、右利きでは4％、左利きでは15％です。

言語中枢は、外側溝（sulcus lateralis, シルヴィウス裂溝 fissura Sylvii）の近くにあります。それは、発話を支配するブローカ野（Broca's area）と、言葉の理解を司るウェルニッケ野（Wernicke's area）です。また、左半球の側頭面（planum temporale）は右よりも大きいです。

聴覚的言語情報は聴覚野からウェルニッケ野に伝えられ、また、視覚的言語情報は角回（gyrus angularis）経由でウェルニッケ野に伝えられ、そこで言語の意味理解が行なわれます。ウェルニッケ野からの情報は弓状束（fasciculus arcuatus）を通ってブローカ野に伝達されます。ブローカ野はウェルニッケ野から来た情報を処理し、言語構音領域の島（insula）を経て、運動野を通じて言葉を話させるのです。

左右の大脳半球間の情報伝達をしている脳梁（corpus callosum）を切断すると、左半球に投射された右視野の情報は意識され、内容を述べることができますが、右半球に投射された左視野の情報は意識に上らず、述べることができないことがわかりました。この結果から、エックルズ（J. C. Eccles）は、意識ある自己（conscious self）は、脳の一部である連絡脳（liaison brain）を介して、大脳の左半球と密接に繋がっているという考え方を示しました。そして、彼は自発運動に先立って活動する補足運動野を、連絡脳と考えました。

ペンフィールド（W. Penfield）は、多くのテンカン患者の所見から、上部脳幹の間脳に

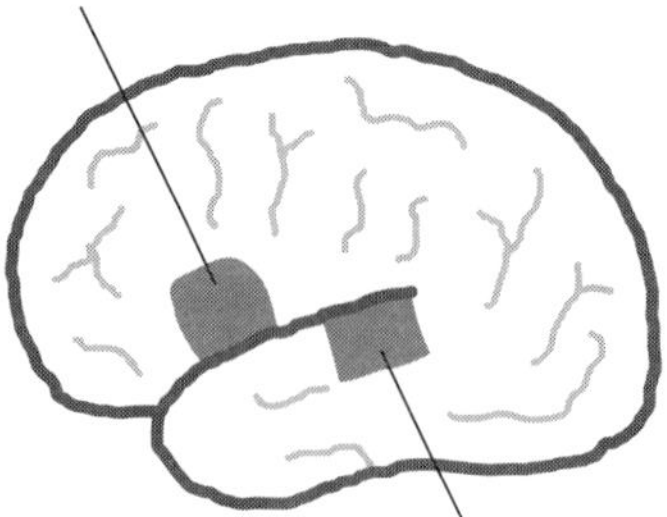

図6・4　　大脳の左半球には、言葉を話すことに関係したブローカ野や、言葉の意味を理解することに関係したウェルニッケ野があります。左方が脳の前方向です。

は、自動的な感覚―運動機構（automatic sensory-motor mechanism）の他に、意識ある心と直結した最高位の脳機構（highest brain mechanism）が存在しており、前者が大脳皮質の感覚野や運動野と相互連絡しているのに対して、後者は、前部前頭葉と側頭葉の進化的に新しい部分と直接連絡していると考えました。

間脳の上半分に当たる視床（thalamus）は、嗅覚系との間に神経連絡がある視床上部（epithalamus）、新皮質や辺縁系の特定領域に投射する背側視床（dorsal thalamus）の他に、神経連絡がよくわかっていない腹側視床（ventral thalamus）から成ります。一方、外側野、内側野、脳室周囲帯から成る視床下部（hypothalamus）は、辺縁系や中脳、橋と連絡しており、動機づけられた行動の調節や、概日《がいじつ》リズムの調整、ホルモン分泌、自律神経系の調節などを行なっています。

脳の活動を支える基盤として、大脳に広く影響を与えて意識や注意力のレベルを高め、精神活動を調節する、広範囲調節系（diffuse modulatory system）が考えられます。

広範囲調節系には、橋（pons）にあるノルアドレナリン作動性の青斑核《せいはんかく》（locus coeruleus）から投射される広範囲調節系、脳幹の正中線にあるセロトニン作動性の縫線核《ほうせんかく》群（raphe nuclei）から投射される広範囲調節系、中脳にあるドーパミン作動性の黒質（substantia nigra）およびその近傍のニューロンから投射される広範囲調節系、コリン作動性の前脳基底部複合体（basal forebrain complex）や橋中脳《きょうちゅうのう》被蓋《ひがい》複合体（pontomesencephalotegmental complex）から投射される広範囲調節系が含まれています。

また、視床下部にあるヒポクレチン（hypocretin）含有ニューロンも、脳に広範囲な影響を及ぼして、目覚めを惹き起こしたり、覚醒状態を安定化したりしているようです。

なお、青斑核と縫線核群は、非特殊的（nonspecific）な系である上行性網様体賦活系（ascending reticular activation system）の一部を成しています。脳幹部にある非特殊的網様系（nonspecific reticular system）およびその他の広範囲調節系は、極めて広範囲な高次神経活動に関係しており、意識ある心にも深く関わっているかもしれません。

第7章

遺伝現象について考える

第7章 遺伝現象について考える

親と子が似ている、先祖を共にする親戚どうしで顔つきが似ているということは、きっとはるか昔から言われてきたことかもしれません。さらに視点を大きくとらえると、イヌのメスが産む子どもは子犬であって子猫ではありえません。

生物学が発達していない頃から、生殖という過程で世代を超えて伝わる何かがそのような現象を起こしているのではないかと考えられても当然です。長く漠然と考えられた時代が続いた後、オーストラリアのメンデルはエンドウ豆を使った地道な実験研究から、遺伝の法則を発見し、何か「粒子」のようなものが遺伝現象を担っているのではないかと考えました。後にこの「粒子」は遺伝子と呼ばれることになり、さらにその実態がDNAであることが明らかにされます。今日では、DNAを介することで遺伝現象が観察されることは広く知られていますが、この章ではヒトにおける遺伝現象をわかりやすい例をあげて考察したいと思います。

親から子へどう遺伝子は受け継がれるのでしょうか?

ここではヒトに関する遺伝の現象について考えてみたいと思います。

遺伝現象とは、親子の間など世代間で形質すなわちある特徴が受け継がれていくことです。親と子はよく似るという漠然とした考え方は古くからありましたが、それを遺伝の法則としてまとめたのが、メンデルでした。メンデルはエンドウ豆の色や形など外見でわかる特徴に着目して、遺伝現象に法則性があることを見つけました。

その後、いろいろな生物のさまざまな特徴について遺伝の法則が適用できることがわかりました。動物でもニワトリのとさかの形状、ハツカネズミの毛色、ネコの毛色などやや複雑なものもありますが、遺伝の法則によく合致する現象として理解されています。

ところが、ヒトの場合は外から見て簡単にわかる特徴で明確にメンデルの遺伝の法則が適用できるものはありません。しかしながら比較的に理解しやすい、あるいは観察しやすい遺伝現象の例をいくつかあげることはできます。

その代表例がＡＢＯ血液型の遺伝です。ＡＢＯ血液型は、性格占いでよく知られるようになっていますが、元来は輸血のために研究が進んだ血液の特徴です。血液中の主な細胞は赤血球で、肺から体のすみずみまでに酸素を運搬する役割を持っていますが、その細胞の表面に糖鎖という構造があります。糖鎖は糖という分子がつながったものですが、どの糖が一番端にくるかで、血液型が決まります。血液型が異なると、原則輸血はできません。(可能な場合もありますが、実際には行なわれることはほとんどありません)ABO血液型には4種類の血液型があります。A型、B型、O型、AB型です。簡単な検査でわかるのは、この4とおりのタイプですが、血液型を決めている遺伝子はその人のお父さんとお母さん両方から一つずつ受け継いでいるので、血液型を決める遺伝子はA、B、Oの3文字から二つずつ取った組み合わせとなり、実際には6とおりの文字の並びとなります。O型の遺伝子はOOで、AB型はABですが、A型にはAA型とAO型があり、B型にはBB型とBO型があります。

遺伝子で表わされるAOやBOがA型やB型の血液型となるところに、メンデルの「優性」の法則をまず知ることができます。

次に具体的な遺伝の例を考えてみましょう(図7・1)。

A型の男性とB型の女性が夫婦となって、子どもが生まれる例です。この夫婦のABO血液型の遺伝子はAOとBOとします。AOの男性が作る精子一つが持つ遺伝子

ABO血液型の遺伝

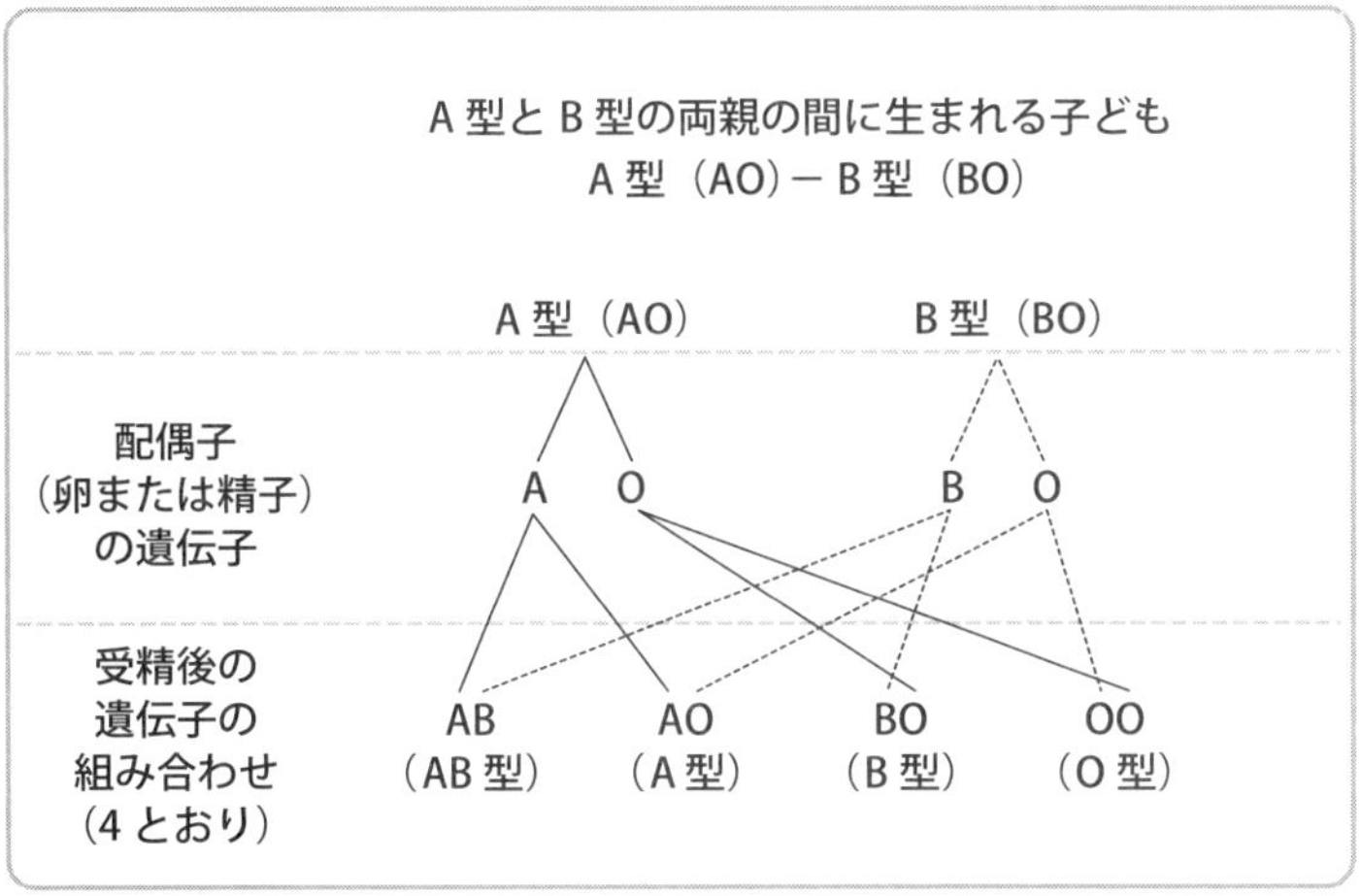

図7・1　ABO血液型の遺伝の一例。A型（AO）の男性とB型（BO）の女性が結婚して生まれる可能性のある子どもの血液型遺伝子のタイプ。ABO血液型としてはA型、B型、AB型、O型、全ての子どもが生まれる可能性があります。

は、AまたはOのいずれか一つのみです。一方、BOの女性が持つ卵子一つには、BまたはOのいずれかが入っています。子どもを作る精子や卵子の段階で、2文字の組み合わせであった遺伝子が一つだけになりますが、これがメンデルの「分離の法則」にあたります。受精して生まれてくる子どもがどのような遺伝子の組み合わせになるかを見たところ、AO、BO、AB、OOの4とおりの組み合わせとなります。この夫婦の間の子どもの血液型は、A型、B型、O型、AB型いずれかとなり、その確率はどれも4分の1です。

外からは見えにくいものの、メンデルの遺伝法則で説明でき、しかも目で確認できる特徴は、耳垢が湿っているか乾いているかの違いです。日本人では多くの人が乾いてさらさらとした耳垢を持っていますが、5人から6人に1人くらいの割合で湿った耳垢をしている人がいます。湿った耳垢とは単に水っぽく濡れているのではなく、油で練ったように茶色の色をしています。私は乾いた耳垢なので、湿った耳垢がどのようなものなのかは実感できませんが、ご自身がそのタイプの方でしたら、納得していただけるものと思います。日本人など東北アジア系の民族では湿ったタイプが少数派ですが、ヨーロッパやアフリカの人たちなど多くの民族では、ほぼ全員が湿ったタイプです。耳垢が湿っているタイプの遺伝子をW（大文字）、乾いたタイプをw（小文字）として表します。両親から受け継いだ遺伝子の組み合わせとしては、ＷＷ、Ｗｗ、ｗｗの3とおりです。日本人では湿ったタイプが少数派ですが、遺伝子としてはＷがｗよりも優性で、ＷＷとともにＷｗの遺伝子を持つ人も湿った耳垢を持っていることになります。乾いた耳垢の人は、ｗｗの組み合わせです。両親ともにＷｗの遺伝子の組み合わせであった場合、生まれている子はＷＷが4分の1、Ｗｗが2分の1、ｗｗが4分の1です。耳垢が乾いているか湿っているかという特徴で見ると、湿ったタイプとなる確率が4分の3であるのに対して、乾いた耳垢となる確率は4分の1です（図7・2）。

耳垢は耳の中を観察するかあるいは自己申告を信じるかのいずれかですが、もっと楽しみながら遺伝現象について考察できる機会があります。それはお酒を飲んだらどうなるかということですが、未成年の皆さんや健康に問題がある方にはお勧めできませんので、ご注意ください。

日本人などアジア系の一部の民族には、お酒を飲んで顔が赤くなる人をよく見かけることがあります。そのような人は酒を飲んで顔が赤くなる他、心臓の動悸も速くなりますが、これは酒の主な成分であるエタノールが体の中で分解されて最初に出来るアセトアルデヒドという物質が血液中をめぐることから生じる現象です。アルコールは適量なら気分を和

耳垢型の遺伝

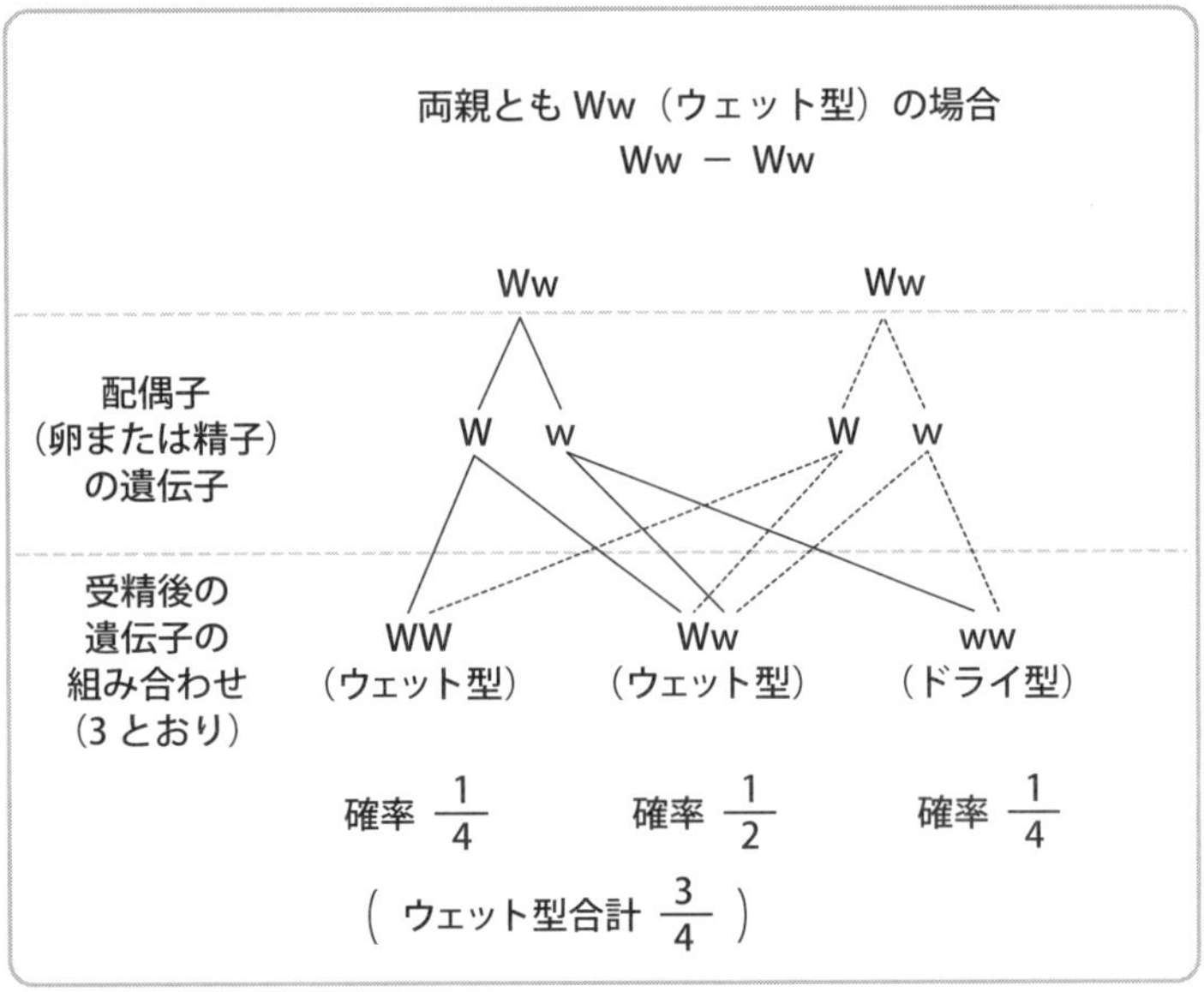

図7・2　耳垢のタイプの遺伝。両親ともWwの遺伝子の組み合わせで「湿った耳垢」である場合、子どもには3とおりの組み合わせが可能ですが、湿ったタイプになる確率は乾いたタイプになる確率の3倍です。

らげるなどのプラスの効果もありますが、それが分解されてできるアセトアルデヒドは毒性の物質の一つで、その作用の一つで顔が赤くなることになります。

一方では酒を飲んでもなかなか赤くならない人がいて、そのような人の一部は酒を飲みすぎてさまざまな失敗をしでかすことになるのですが、このような人はアセトアルデヒドを早く分解することができるのです。具体的にはアセトアルデヒドを次の分解段階である、酢酸に変えてしまう能力が強いことであり、アセトアルデヒド脱水素酵素（ＡＬＤＨ2）という酵素で正常に働いている状態として理解されています。人類全体で見ると、いや日本人の中でもこの酵素が働いているタイプが多く、遺伝子のタイプでＮ（正常、Normalより）と記します。この酵素の能力が弱いタイプをＤと記しますが、これは酵素の欠損(Deficiency)からつけられています。遺伝子の文字の組み合わせでは、ＮＮ、ＮＤ、ＤＤの3とおりあることになります。

さてここで、実践的な観察の場を想定してみましょう。場所は日本の某大都市、どこかの会社のどこかの部署で総勢１００人ほどの大宴会が催されていると考えます。全員が成人で、酒をまったく口にしないという人はいないとします。だいたい60人ほどは、よほどの大量飲酒をしないかぎりは、顔を赤らめることもなく、普通に酒を飲んでいることに気づきます。残りの40人ほどは、少しの酒で顔がやや赤くなりますが、まったく飲めないというほどではないように見えます。しかしながら、1人か2人あるいは3・4人ほど、ビールを一口飲んだだけで、顔が真っ赤になり、周りの人を心配させている人がいて、やや目立っています。

この宴会では、酒を飲んだときの状態で、3とおりのグループに分けられることを見ましたが、顔が赤くならないグループがALDH2に関してNNである人たちと考えてよいかと思います。少量の飲酒ではアセトアルデヒドの影響がほとんど出ないグループです。一方、少しの酒で真っ赤になっていた人たちはいわゆる下戸《げこ》にあたりますが、ALDH2の遺伝子がDDとなっているタイプと考えられます。エタノールから分解されたアセトアルデヒドがそのまま血液中に高い濃度で残るために、その影響が強く出ます。このような場合、無理して飲み続けるのは危険であることはいうまでもありません。残りの40人は、いわば中間的なタイプで、遺伝子の組み合わせはNDだと思われます。NNの人たちよりもアセトアルデヒドの影響は強く受けますが、多少は酒を楽しむことができます。

親子間の遺伝については、例えば下戸のお父さん（DD）と酒をたしなむことができるお母さん（NN）との間に生まれる子はすべてNDというタイプとなる一方、いずれも

NDである両親から生まれる子どもは酒豪にも下戸にもなりうることなどの考察ができます。

飲酒した際の反応については、だいたいがALDH2の遺伝子のタイプで理解できると思われますが、この他の遺伝子も関係しますし、また体格・体調・性別・経験などの要素も深く関わっています。いずれにせよ、各自がどれだけ飲むといいのかは、適量をわきまえ、楽しく酒とつきあうのが望ましいことは言うまでもありません。

ここではわかりやすい遺伝現象の例として、ABO血液型、耳垢が乾いているか・湿っているか、お酒を飲んで赤くなるかどうか（ALDH2）の三つを見てきましたが、これらに関しては既に対応する遺伝子・DNA配列が分析されてわかっています。また耳垢の遺伝子とALDH2の遺伝子は縄文人と弥生人という日本人の起源・成り立ちの問題とも関わっていますが、これについては後であらためて考えたいと思います。

遺伝子、DNAそして染色体

ヒトにおける簡単な遺伝現象について考えてみましたが、私たちが両親から受け継ぐ遺伝子とは具体的にはどのようなもので、どのように我々の細胞にあるのかを考えてみたいと思います。

遺伝子はDNAという物質から出来ています。DNAとはデオキシリボ核酸の略で、この中の塩基と呼ばれる部分が遺伝の情報を担っています。塩基にはA（アデニン）、G（グアニン）、T（チミン）、C（シトシン）の4種類があり、この並び方が情報となっています。情報とはタンパク質の構造を決めることであり、さらに詳しくはタンパク質を構成するアミノ酸の並び方を決めていることにあたります（図7・3）。

DNAは長い鎖のような分子が2本からみあって出来ています。DNAは生物の細胞中では染色体という形で存在します。染色体は動植物の細胞一つあたり、数本から数十本あり、何本あるかはその生物ごとに決まっています。染色体はふだん細胞中の核と呼ばれる球体の構造物の中で伸びきった形で存在し、DNAのまわりにヒストンなどのタンパク質がついています。そのような状態で、DNAの持つ遺伝子の情報が読み取られ、決められたタンパク質が作られていくことになります。

染色体はふだんほとんど観察できませんが、細胞が分裂して増えようとするときに、「染色」という手段で観察されます。顕微鏡で容易に観察できる状態のときは、染色体は

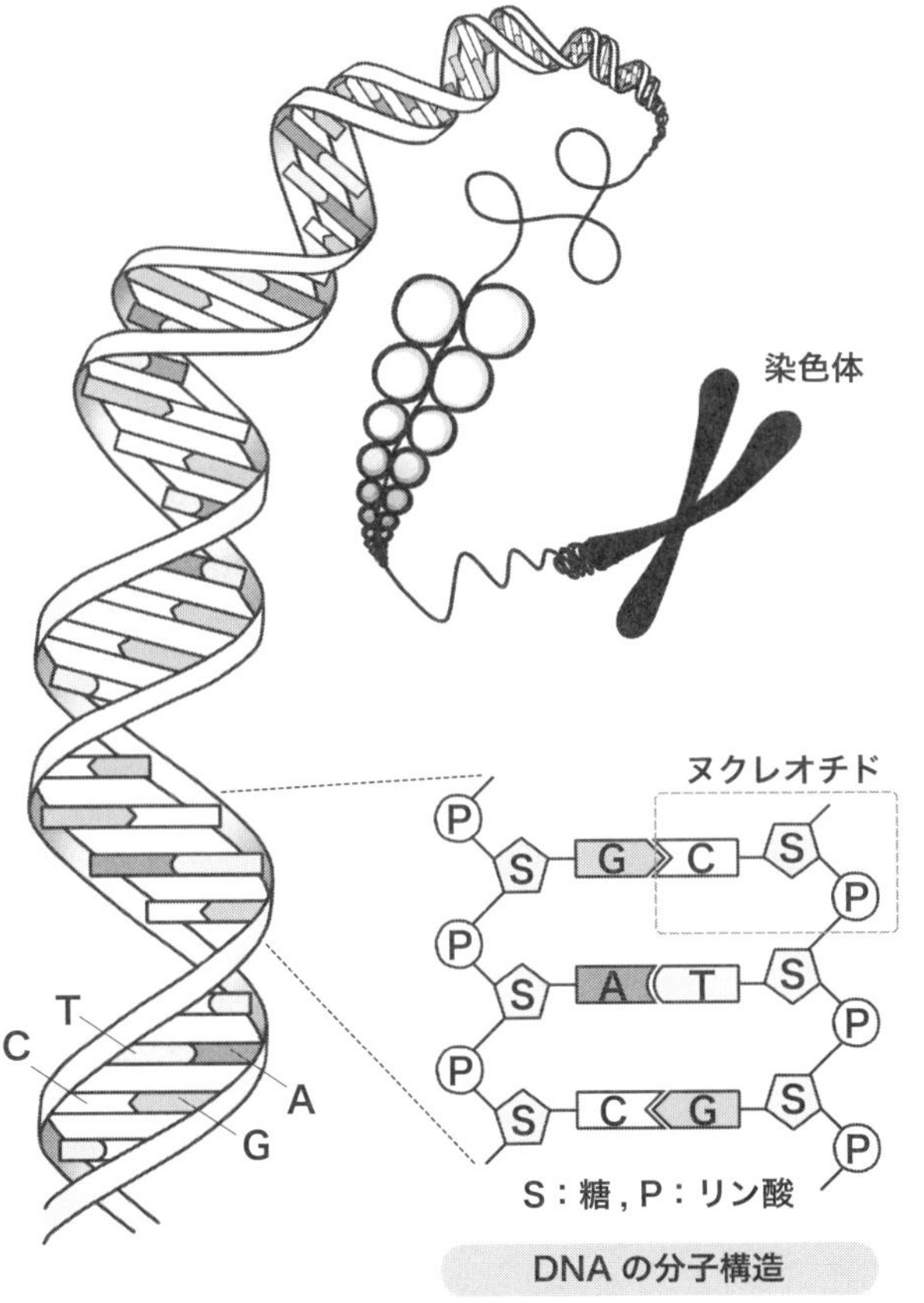

図7・3　DNA の構造。糖とリン酸がつながっていて、それが 2 本絡み合うような鎖となっています。鎖の中心には、4 種類の塩基が位置して、塩基対をなしています。

ヒストンなどのタンパク質のはたらきでものすごい密度に圧縮されています。細胞分裂途中の染色体はX字またはYのような形をしていますが、これは実は細胞二つ分の染色体で、いわば左右対称で同じものが向き合って存在します。

ヒトの細胞が分裂するときに観察される染色体は46本です。ヒトだけでなく多くの動植物が偶数個の染色体を持っていますが、これは半分がお父さん（オス側）から、残り半分はお母さん（メス側）から由来しているからに他なりません。基本的には特徴が同じ染色体が2本ずつあって、それがヒトでは22対44本となっています。残りの2本は男女で構成が異なっていて、性別を決める重要な要素となっています。この2本の染色体が性染色体と呼ばれるものであり、その他の44本の染色体は常染色体と呼ばれています。

DNAはこの46本の染色体に分かれて存在しますが、現在では全ての染色体についてDNAの持つ情報がほぼ完全に解明されていて、どの遺伝子がどの染色体のどこにあるのかということもわかっています。1958年生まれの私が学生の頃には、遺伝子の情報がすべて解明されるというのは夢物語でしたが、SFの物語が現実のものとなるかのように、意外にも短期間で情報が解読されてしまいました。

親から子に染色体はどう伝わるのでしょうか？

私たちは細胞の中に46本の染色体を持っています。結婚した（したとすると）その相手（配偶者）も46本の染色体を持っています。そうした夫婦の間に生まれた子どもは、両親からDNAが含まれている染色体を受け継ぎますが、染色体の数としては46の倍の92本となることはなく、親の世代と同じ数である46本の染色体しかありません。要するにヒト個人の始まりである受精卵ができる前に、染色体の数が半分になる仕組みがあるのです。

受精卵になる前というと、受精前の卵または精子であり、その段階で染色体の数が半分の23本となっていることがわかっています。元の卵巣または精巣の細胞から卵または精子が出来上がっていく細胞分裂の途中で、染色体が半分になるのですが、この過程は減数分裂と呼ばれる特別な細胞分裂です。また、この仕組みがあることで、「人は一人一人、みな違う」という現象につながるのですが、まずは簡単なシステムで減数分裂について考えてみましょう。

染色体が1対2本の生物がいたとします。染色体は1本でAとしますが、オスの持つ染色体はその両親から引き継がれていますので、2本それぞれの染色体を区別して、そのオスの持つ染色体の構成をA_1A_2とします。同様に考えてメスの染色体構成はA_3A_4とします。これらのオスとメスが作る精子と卵の染色体構成はどうなるでしょうか（図７・４）。オスからは、A_1とA_2の染色体構成を持つ精子が作られる一方、メスではA_3とA_4の構成の卵が作られています。次の世代すなわち受精卵ではどのようになるか考えますと、（A_1またはA_2）×（A_3またはA_4）の組み合わせで、かけ合わせで考えると、

A_1A_3、A_1A_4、A_2A_3、A_2A_4

という４とおりの染色体の組み合わせ方が可能になったことに気が付きます。

１対２本の生物を想定した場合、どのように子どもに染色体が伝わるのかを見た場合、先に考察していたＡＢＯ血液型などの遺伝と実によく似ているというよりは全く同じであることがわかります。いや現象としては逆で、染色体に遺伝子が乗っているので、遺伝子が染色体と同様の動きをしているかのように見えるだけなのです。これがメンデルの言う「分離の法則」にあたり、A_1A_2と対になっていた（この関係を相同染色体と言います）染色体が精子を作る際の減数分裂でまったく離れてしまうということに基づいていることがわかります。

次にやや複雑になりますが、Ａに加えてＢという２本目の染色体が加わった生物がいる

減数分裂（染色体が1対2本）

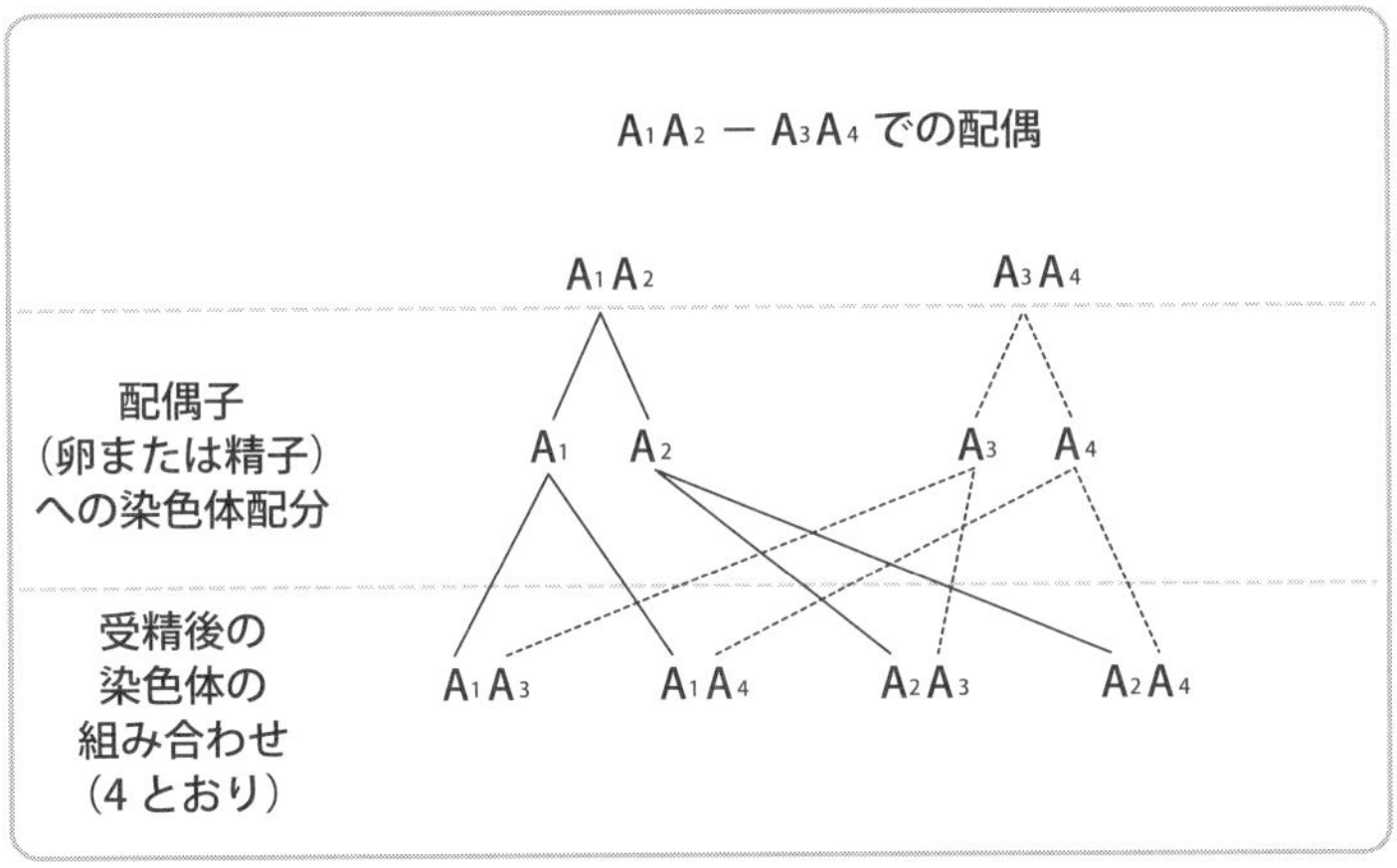

図7・4　減数分裂の簡単な例。減数分裂とは卵や精子が作られる際の特殊な細胞分裂で、図では単純な1対2本の生物の例を示しています。片方の親からは2とおりの生殖細胞が生じて、生まれる子どもにおける染色体の組み合わせは4とおりとなります。

と仮定します。オスの染色体構成は$A_1A_2B_1B_2$で、メスのほうは$A_3A_4B_3B_4$とします。精子または卵は、AとB両方について1本ずつの染色体を持つことになるので、受精時には（A_1B_1、A_1B_2、A_2B_1またはA_2B_2）×（A_3B_3、A_3B_4、A_4B_3またはA_4B_4）という組み合わせを展開することになり、実に16とおりの染色体構成の子どもが可能であることがわかります。なお、精子または卵にどのように染色体が分配されるかということに関し染色体AとBは互いに独立しています。それは例えばA_1は必ずB_1とセットになり、A_1とB_2の組み合わせは見つからないといったことがないということです。メンデルの遺伝の法則には、「独立の法則」と呼ばれるものがあり、豆の色と豆のしわの有無などに着目した二つの特徴は、それぞれ別個に独立して次の世代に伝えられる（緑の豆は必ずしわがあるということにはなっていないことなど）という現象です。メンデルが幸運だったのは、着目した特徴に関する遺伝子が、たまたま、それぞれ異なる染色体に乗っていたということです。

もし同じ染色体にあったら、完全に独立した遺伝はありえないことになります。

染色体の数を増やして考えていますが、3対6本のシステムではどうなるでしょうか。オスが$A_1A_2B_1B_2C_1C_2$、メスが$A_3A_4B_3B_4C_3C_4$という染色体の構成とします。数が多くなってきたので、すべては書きませんが、精子の染色体は$A_1B_1C_1$や$A_2B_2C_2$など8とおりの構成が可能であり、卵の染色体構成も同様に8とおり可能です。生まれる子どもの染色体構成は８×8で64とおり考えられます。さらに数がどれだけ増えてもよいように一般的に考えますと、染色体がｎ対2n本の生き物１個体が作る卵または精子の染色体構成は２のｎ乗とおりが可能であり、オスとメス１対の両親から生まれてくる子どもの染色体の構成は、２の2n乗の組み合わせが考えられうることになります。ヒトの染色体は23対46本ですから、夫婦一組から生まれうる子どもの染色体構成の可能性はほぼ無限大にも近いものと言えましょう。

さらに減数分裂の過程において、その人の父親・母親から引き継いだ同じ染色体（対になった染色体・相同染色体）の間でパーツの交換が行なわれることも確かめられています。染色体の組み換えという現象であり、ＤＮＡの組み換えも伴っています。精子または卵に入る染色体の約半分は、このような組み換えが生じたものになっています。遺伝子の組み換えと言いますと、新しいバイオテクノロジーの技術のように思われますが、生物の世界では何十億年も前から起きている現象です。この染色体の間での組み換えによって、さらに子どもに伝わる情報がシャッフルされ、多様性が増すことになります。

男女の区別がある意味とは

多くの生き物では生殖に際して、二つの異なる性が関わっていることが知られています。それは、精子や卵のように染色体の数が半分になった状態の細胞が受精（互いの細胞の大きさがさほど変わらない場合は接合と言います）という過程を経て二つが一緒になってから、個体が生まれてくることです。このような生殖の仕組みを有性生殖と言います。

生殖には他に、バクテリアのような単細胞の生物が分裂して増えていく方法や、植物の枝をさし木で増やしていく方法もあり、無性生殖と言います。無性生殖のほうが単純で無駄がないようにも思えますが、なぜ有性生殖のシステムがあるのでしょうか。

ヒトを例にして、今一度、両親から受け継いだ遺伝の情報が子どもにどのように受け継がれていくのかを復習してみましょう。やがて子を持つことになる男性や女性は、それぞれの両親から23対46本の染色体を受け継いでいます。その人の父親から23本、母親から23本です。子どもを作るときには、精子または卵をとおして自分たちの子どもに情報を伝えることになりますが、このときに精子や卵に入れる染色体を半数にする減数分裂の過程が入っています。減数分裂では、染色体の数が半分の23本となりますが、その人のお父さん・お母さんから受け継いだ染色体はランダムに選ばれて精子または卵に入ることになります。結果的に異なる23種類の染色体が一つの精子または卵に入っていればよく、父母から受け継いだ染色体をどう配分するかは、2の23乗とおりになっています。その中の半分ほどの染色体を見ると、減数分裂の間に組み換えが起こり、父母から受け継いだパーツがいり混じっています。父親から受け継いだＤＮＡの色が青、母親から受け継いだＤＮＡの色が赤で色づけられているとすると、赤青両方の色をつぎはぎのように持つものも相当数あるはずです。

私たちが両親から引き継いだ遺伝の情報は、このような減数分裂の過程を経てシャッフルされて、子どもに受け継がれていくことになります。夫婦の間に子どもが一人だけであっても、その子どもが持つ染色体の構成、あるいは遺伝子の構成は親とはまったく違うものであることになります。染色体あるいはそこにのっている遺伝子の構成ということで考えると、自分と同じ人間は過去にもまた未来にも決して存在することはないのです。自分は人類の長い歴史を考えても、ただ一人の自分でしかない、貴重な存在であるとも言えます。

減数分裂を伴う有性生殖の仕組みは、多様性を維持・増幅させながら、次の世代に自分たちの遺伝子を伝えていくシステムになっています。子どもが何人もいるような家族では、兄弟姉妹の間でそのような多様性が実際にあることを実感することができるはずです。

同じ両親から生まれても一卵性双生児でないかぎりは、兄弟姉妹はそれぞれが異なる個性豊かな子どもたちであると理解することは、子育てにおいても重要かもしれません。

有性生殖が優れている点は、まずは子孫の代での多様性を維持していくことがあげられます。このことは病気や環境の変化などのヒトの集団全体への試練が生じたときの対策としては実に有効なことです。多様性があることは、いろいろな状況に対して強い個体がいる可能性を強く保障することでしょう。また多様性が大きいことは、将来の進化の可能性を大きくしているとも言えます。

有性生殖をする多くの生き物では、染色体の数が2の倍数となっています。つまり、同じ働きをする遺伝子が父親側と母親側から一つずつ来て二つで1セットとなっているということで、これはメンデルの法則の基本にもなっています。同じ働きをする遺伝子が二つあるのは無駄なようにも思えますが、二つあることでお互いにスペアの関係にもなっています。生物の個体は突然変異によって生じた正常に機能しない遺伝子や、どちらかの親から受け継いだ病気の原因となる遺伝子を持つことがあります。そのような遺伝子があっても、それと対になった遺伝子が正常であれば、病気や何らかの異常が起こらずにすむことになることが多いのです。染色体が二つずつあるシステムは、有性生殖のシステムが確立された生物にのみ生じたもので、これも有性生殖のメリットとも言えましょう。

しかしながら、ペアとなっている遺伝子がどちらとも有害な結果をもたらす、あるいはもたらすかもしれない遺伝子となってしまうこともあります（ABO血液型で、AA、BB、OOのように、一つの特徴に関しての同じ遺伝子の組み合わせになっていること）。偶然そのようなことになることもありますが、ヒトの場合、わりと近い親族の間での結婚がそのような結果をもたらすことが多いことも知られています。親子・兄妹など近い親族間での結婚は法律で認められていませんが、これには生物学的な理由があるからです。もっとも法律ができる前から、女性は「他の家に嫁に行く」など近親婚とならないような制度がありましたので、結構古い時代から人類は近親婚によって病気や何らかの奇形がよく発生することが経験的にわかっていたのかもしれません。

さらに驚くべきことに、ヒト以外の多くの哺乳類でも近親交配を防ぐ生殖システムが確立されています。例えばニホンザルはメスが一生生まれた群れにとどまるのに対して、オスは青年期と呼べる年齢になると群れを出て、単独生活を経た後に他の群れに合流します。

またヒトに遺伝子の分析からもっとも近い関係にあるとされるチンパンジーではオスが生まれた群れに生涯にわたってとどまるのに対して、メスは年頃になると生まれ育った群れを出て他の群れに迎えられ、そのオスたちの子どもを産んでいくことになります。特にチンパンジーの行動は人類の多くの民族で見られる「嫁入り」の習慣に近いものがあり、ヒトの婚姻制度の起源を考察する上でも重要かもしれません。ともかくも、ニホンザルやチンパンジーはヒトも属する霊長類の一員であり、知能が高いことが知られていますが、近親交配による弊害を実感するとか、ましてやメンデルの遺伝の法則を頭で理解しているとはとても思えません。おそらくは近親交配を排除したグループが遺伝病や奇形とは無縁に、より効率的に繁殖していった結果かと思えますが、自然の世界とは実によくできたものだと感心させられます。

人間に男女の性の区別があるのは、根本は有性生殖をするためです。男女の役割が異なるのも、より効率的に子孫を残すことができるようになった結果かもしれません。しかし、社会が進んできて、男女の役割、家庭や社会のあり方まで変革が求められる時代になってきたことも事実です。さらには今後、クローン技術など究極の生殖技術がヒトに応用されるようになると（現実問題としては考えにくいことながら）、古い遺伝学とは異なる見方でDNAなどについて解釈し直さなければいけないように思います。

ミトコンドリアDNA

これまでは染色体にある遺伝子・DNAのことを考えて、遺伝の現象などを考えてきましたが、メンデルが考えていなかった様式で遺伝されていくDNAがあります。それはミトコンドリアDNAとY染色体のDNAです。まず、ミトコンドリアDNAの遺伝について考えてみましょう。

ミトコンドリアDNAとは細胞の中の小さな器官であるミトコンドリアに存在しているDNAです（図7・5）。ミトコンドリアは細胞の中にあって、主な役割は細胞が必要なエネルギーを生み出すことであり、細胞の中の発電所と称されることがあります。細胞の中の核は遺伝情報の中枢としていわば脳のような働きをするとも考えられますが、ミトコンドリアはエネルギー生産という点で心臓にあたる重要な器官です。ミトコンドリアはかつて独立した生物で、他の生物が光合成によって作った酸素を使うことで、より効率的に生きられるようになった生き物であったと思われます。今でこそ酸素は私たちにとって

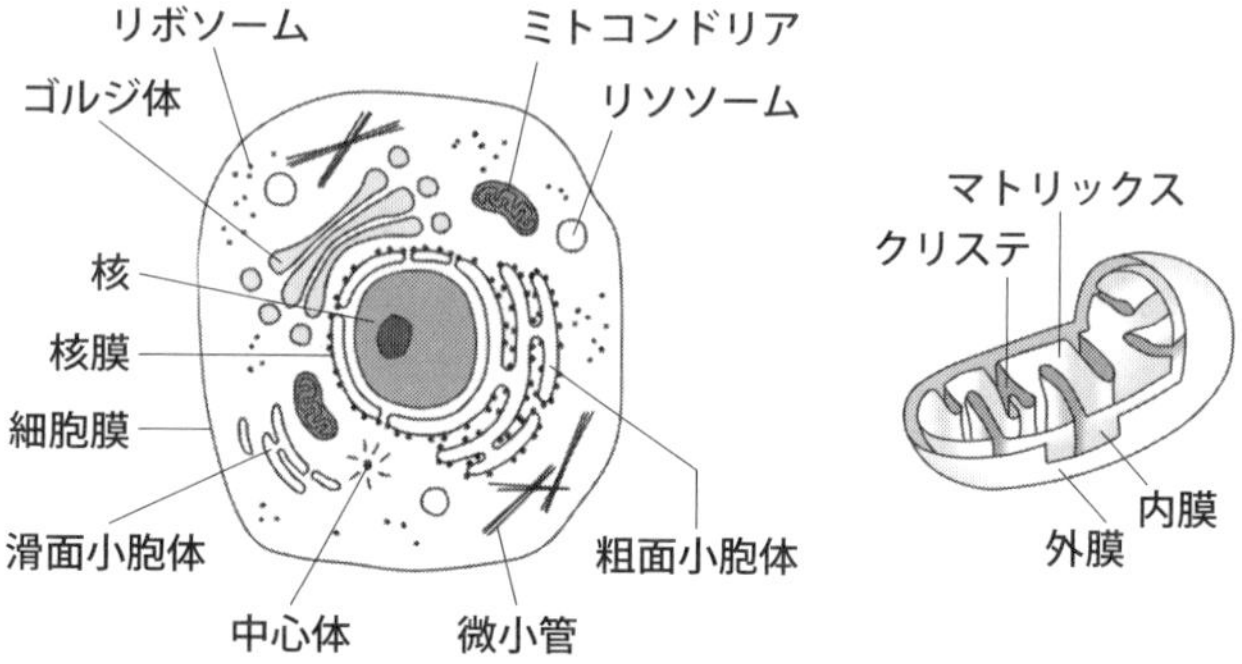

図7・5　細胞とミトコンドリア。ミトコンドリアは細胞内小器官と呼ばれる細胞内の構造体の一つですが、元々は他の生物に由来すると考えられていて、独自のDNAを持っています。

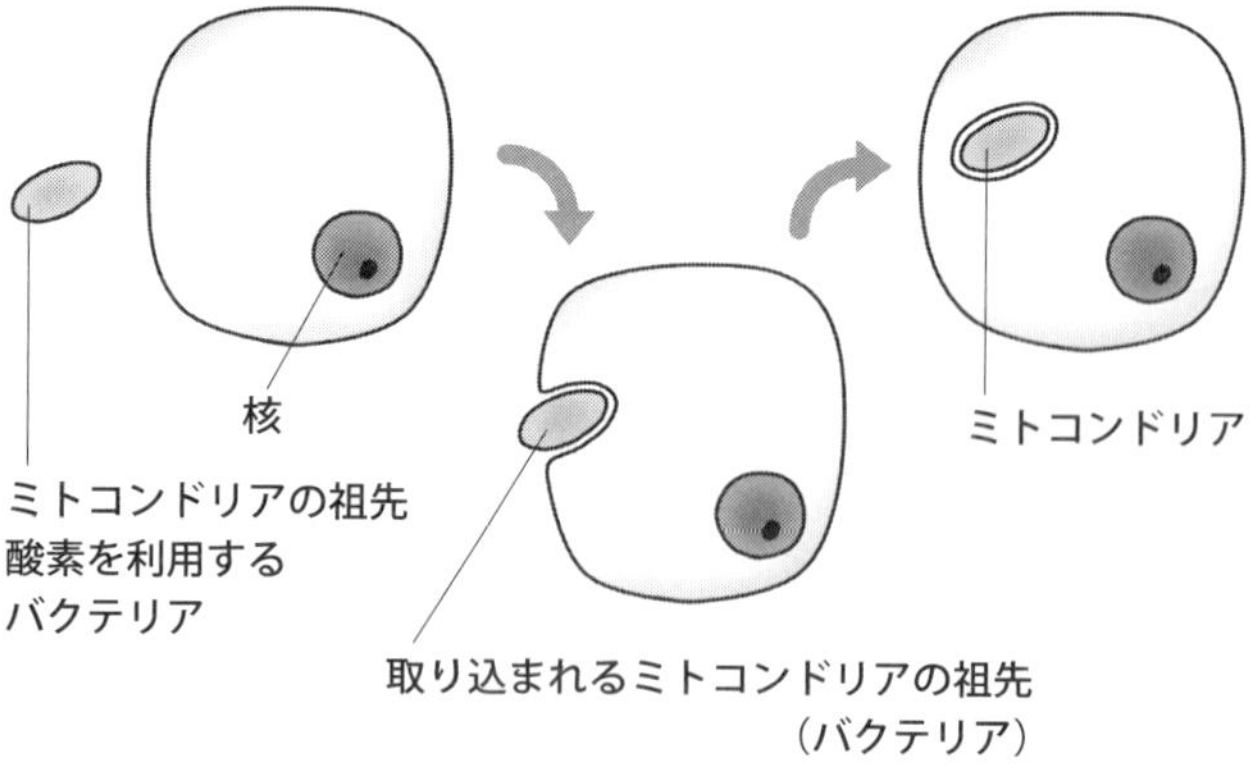

図7・6　ミトコンドリアの由来。かつてミトコンドリアは独立した生物で酸素を利用して生きていました。20億年ほど前に、他の生物（細胞）がこの生物を取り込む形で、私たちの祖先にあたる真核生物が誕生しました。

なくてはならないものですが、もともとは生物にとって有害なものでした。それを利用してエネルギーを得ることができる生物が誕生し、それを他の生物の細胞が取り込むことで我々いや全ての動植物の祖先となる生き物（真核生物）が誕生するきっかけとなったと考えられています。

ミトコンドリアが二重の膜で包まれていることは、かつて単細胞生物が別の単細胞生物にのみ込まれたときの状況を反映しているものと考えることができます。つまり、ミトコンドリアになった単細胞生物は膜で包まれていましたが、その生物ごとより大きな単細胞生物の膜に包まれるようにして取り込まれたということです（図7・6）。また独自のDNAを持ち、タンパク質の合成もする、また細胞内であたかも単細胞生物が分裂するかのように分かれて増えていく様子も、かつては独自に生きていたことを彷彿させるものです。

ミトコンドリアは独自のDNAを持っていて、それには、タンパク質の合成の場を作る上で重要なリボソームRNAやタンパク質の材料であるアミノ酸を運ぶトランスファーRNAに対応する遺伝子の他、ミトコンドリアの中でもエネルギーを作る上で重要な役割を担っているタンパク質のいくつかの遺伝子があります。しかしながら、ミトコンドリア全体を作るためのタンパク質のわずか数パーセントのＤＮＡしか持っていないこともわかっています。独自の生物として存在することができた頃には、そのために必要な遺伝子はひととおり持っていたはずですが、何十億年も細胞の中にとどまるうちに、エネルギーの効率的な生産などに役割が特化し、遺伝子の多くが細胞の核のＤＮＡに移行していったのではないかと考えられています。

それでもミトコンドリアを成立させるため、いや動植物が生きていくためにはミトコンドリアＤＮＡはなくてはならないものです。またサイズが小さくなったことでミトコンドリアＤＮＡは分析の対象としては格好の存在となりました。進化の速さが早い、すなわちＤＮＡの情報を担っている塩基という部分が他の塩基に置き換わりやすいことも幸いして、いろいろな生物の間の関係あるいは同じ生物の仲間の中での多様性についての研究にさかんに用いられるようになってきました。ヒトのミトコンドリアＤＮＡについても研究が進んでいますが、その成果などについては次章で説明したいと思います。

またミトコンドリアＤＮＡがもっとも注目される点は「母性遺伝」という現象です。言い方を変えると、人は誰でも細胞内にミトコンドリアがあり、そこにはミトコンドリアＤＮＡがありますが、そのミトコンドリアＤＮＡはその人のおかあさんから受け継いだものであるということです。おとうさんからは受け継いでいないということでもあり、両親からほぼ同等に遺伝情報を受け継ぐという一般の遺伝現象とは異なっています。

父親由来のミトコンドリアＤＮＡが伝わらないということは、精子の側のミトコンドリアが受精卵に残らないということであり、かつては精子のミトコンドリアは受精時に卵に入っていかないのだろうと考えられていました。しかしながら、最近では精子のミトコンドリアも卵には入っていくのですが、ほどなく精子由来のミトコンドリアが消失してしまうことがわかりました。精子が持ち込んだミトコンドリアが消えてしまうのですから、受精卵に残されるミトコンドリアまたはミトコンドリアＤＮＡは母親側のものだけになり、結果として母性遺伝になってしまうのです。

Ｘ染色体とＹ染色体

ヒトは23対46本の染色体を細胞の中に持っています。23本はお父さんから受け継ぎ、23本はお母さんから受け継いでいて、基本的には同じ染色体を両親から1本ずつ受け継いでいます。例外は男女で構成が異なる性染色体です。女性の場合はＸＸと、両親それぞれから1本ずつ同じ染色体を受け継いでいて、この染色体の遺伝子に関しては既に説明したような形式で遺伝現象が観察されます。男性の場合は、X染色体を母親からのみ受け継ぎ、父親からはY染色体をもらっています。

男性のX染色体に関しては、母親の遺伝子のみが伝わることになりますが、X染色体上の遺伝子に何らかの異常があった場合、その影響が子どもに直に現れることになります。相同染色体にある同じ遺伝子がペアを組んで互いにスペアの役割を果たすということがなく、何らかの異常があればすぐに病気などの現象として現れることになります。X染色体に関わる遺伝は伴性《ばんせい》遺伝と呼ばれます。例としてよく知られたものには、赤色と緑色の区別がつきにくくなる色覚多型、血液が凝固しにくくなる（出血がなかなか止まらない）血友病などがあります。X染色体に原因のある多型または病気ですので、そのX染色体は母親からきていることになりますが、当の母親には子どもと同じ異常や症状が出ないことがほとんどです。女性はX染色体を二つもち、一方の遺伝子の不具合を他方のX染色体の遺伝子が補うことで正常な状態で暮らすことができることになります。X染色体には生存に必要不可欠な遺伝子がたくさんありますが、オスまたは男性において1本だけにするというシステムはある意味、欠陥と言えるかもしれません。

もう一つの性染色体であるＹ染色体ですが、これは男性しか持たず、父親から息子へとしか伝わりません。この遺伝の様式が限性《げんせい》遺伝です。Ｙ染色体はヒトの染色体の中でも小さいグループに属している他、機能がわかっている遺伝子の数も多くはありません。しかしながら、個体の性の決定という重要な役割を担っています。性染色体の組み合わせがＸＸなら女性で、ＸＹなら男性とされていますが、男性と女性という性の違いを導いているのはＹ染色体上の遺伝子、ＳＲＹです。ＳＲＹは哺乳動物において、それを持つ個体をオスにする遺伝子です。ＳＲＹが作るタンパク質は、ＤＮＡの特定の部位と結合する性質を持ち、他の遺伝子の発現をコントロールしていると思われ、さらにオスまたは男性の特徴が現れるためには、他の遺伝子やホルモンなどが関わっています。Ｙ染色体には他に精子形成のための遺伝子があることが知られていますが、遺伝子の数は他の染色体よりも少なく、主な機能は性決定と考えてよいでしょう。

Ｙ染色体にＳＲＹ遺伝子がない、あるいは正常に機能しないこともまれに起こりますが、これらの場合、性染色体の構成がＸＹであっても、外見は女性になってしまいます。このような「女性」が実在することは知られていて、染色体を調べるまでは本人も含めてその事実に気付くことはありません。哺乳類においては遺伝子ＳＲＹがオスを作っていて、それが機能しなければ、個体はメスとして生まれます。見方を変えると、ヒトを含めた哺乳類は元来全てメスとなるべく発生していきますが、SRYが機能してはじめてオスになっていくのです。旧約聖書では人類初の女性イブは、人類初めての男性であるアダムの肋骨から作られたとされていますが、実際の性別決定の仕組みとして順序は逆であって、イブが最初にいて、後でイブからアダムが作られたと言い換えるのがより妥当でしょう。

Y染色体は父親から息子に伝えられて、母親側からの関与はありません。ところがその父親から伝えられるY染色体については、一部はその父親のお母さん、生まれてくる男の子からするとおばあさんのX染色体の一部を持っている可能性があります。減数分裂にあたって、22対44本（女性の場合は23対46本）の染色体は相同染色体どうしでペアを組んで、染色体の組み換えを行ないますが、精子形成のための減数分裂ではX染色体とY染色体がペアを組み、端のほうでは組み換えも起きています。しかしその部分はY染色体全体から見るとわずかであり、またY染色体のほとんどの部分はY染色体に特異的であり、組み換えを受けずに、父から息子へ、さらにはその子孫の男性へと伝わっていきます。

Y染色体はもともとX染色体であったのが、SRYが生じ、さらに精子の形成に関わる遺伝子も加わる一方、それ以外の遺伝子などが脱落し、オス・男性を特徴づける役割に特化して出来てきたと考えられています。Y染色体のサイズが進化の過程でどんどん小さくなっていることなどから、Y染色体がやがて消失する＝オスまたは男性が不要になる、とまで考える人もいるようですが、男の立場としてはそれはまだまだ先のことだと思いたいものです。

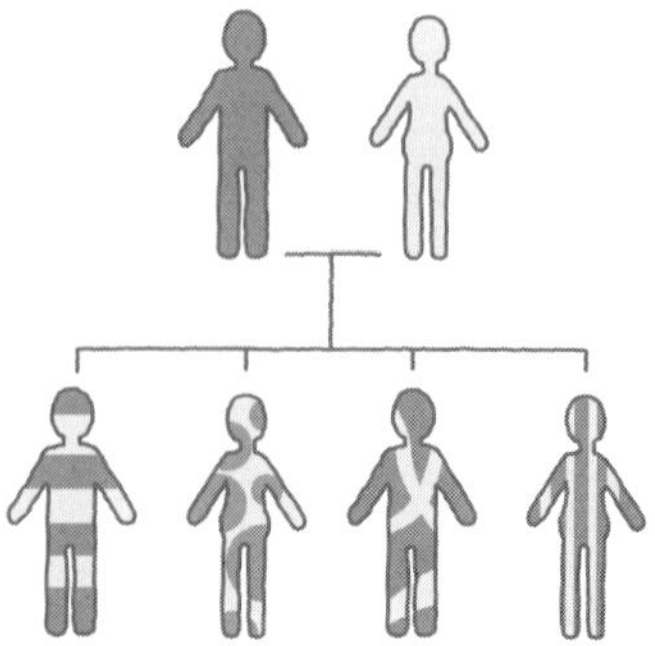

第8章

ミトコンドリアDNAの研究からわかってきたこと

第8章 ミトコンドリアDNAの研究からわかってきたこと

前章ではミトコンドリアDNAの特徴やそれが親子の間でどう伝えられるのかを考えました。ミトコンドリアDNAはサイズが小さく分析しやすいことと、同じ生物種内でも配列に違い（種内変異）が大きいことから、さまざまな生物種についてその多様性についての研究がなされ、また同じ種内あるいは異なる種の間での系統分析にも広く用いられるようになりました。当然、ヒトの進化やヒトの中での多様性についての議論に応用されるようになりますが、どのような成果が得られたのでしょうか。

またヒトにおける病気のうち、一部はミトコンドリアDNAに原因があることも明らかになった他、いわゆる老化現象がミトコンドリアDNAにも観察されることが報告されるようになりました。これらについても実際の研究を紹介することで、ミトコンドリアDNAが重要な役割を担っていることを考えたいと思います。

ヒトに一番近い動物

ヒトは霊長類の一員つまりサルの仲間に属しています。また類人猿に近い動物から進化したとされ、後ろ肢だけで立ち上がって歩くようになり、文化・文明を築いてきました。ヒトが遺伝子またはDNAの立場からどの動物に近いのかは、ヒトの進化を考える上で重要で、これまでさまざまなアプローチからの研究がありました。1960年代には、タンパク質の違いからはヒトに系統的に近い動物は、アフリカにいる体の大きな類人猿であるゴリラかチンパンジーであろうとされました。そのいずれがよりヒトに近いのかはその時点では結論が得られていませんでした。1980年代には、核のDNAの塩基配列の比較をする研究がさかんになり、おそらくチンパンジーがヒトにより近い存在であることがわかってきました。しかし分析には誤差があったために、そのように断定するまでにはいたりませんでした。

1992年、宝来 聰博士らは、ヒトおよび類人猿（ヒト、チンパンジー、ボノボ、別名ピグミーチンパンジー、ゴリラ、オランウータン）のミトコンドリアDNA全体の塩基配列を決定し、比較し、チンパンジーがヒトに最も近い存在であることが決定的に明らかになりました（図8・1）。もっとも、厳密にはボノボも同様にヒトに近い存在であり、系統樹ではヒトとチンパンジーのグループが分かれた後でチンパンジーのグループがさらに二つに分かれています。またヒトとチンパンジーが進化の過程で分かれたのは、約500万年前ということもわかり、次いで近いのはゴリラ、最も遠い関係にあるのはオランウータンでした。なお、500万年前という年代は、あくまでもミトコンドリアDNAの配列の分析から求められたものです。その後、オロリン・ツゲネンシスやサヘラントロプス・チャデンシスなど600万年前から700万年前の初期猿人とされる化石が見つかったことから、人類の祖先とチンパンジーなどの類人猿の祖先とが分かれた年代がより古く考えられるようになっています。しかしながら、広範囲にわたる遺伝子の分析からは、化石の年代ほどは離れていないのではないかという研究もあり（パターソン博士ら、2006年）、いつ分かれたのかについてはさまざまな観点から慎重に考える必要があるでしょう。

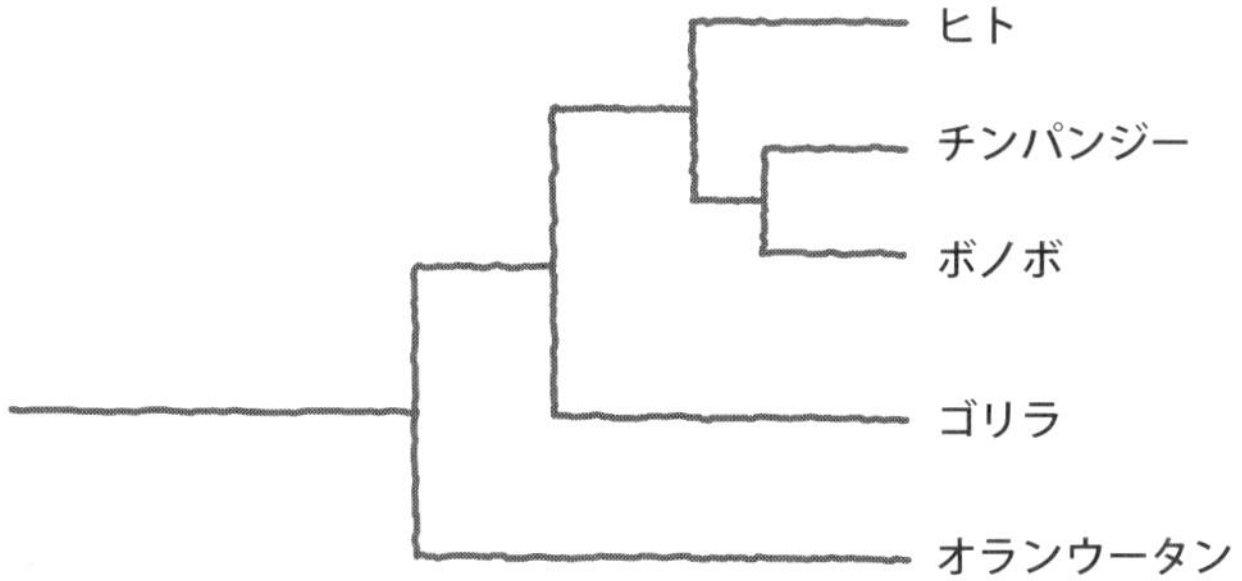

図8・1　ミトコンドリアDNAから見たヒト上科（人類と類人猿）の系統関係。ヒトに最も近いのはチンパンジーとボノボであり、次いでゴリラが近い関係にあります。

われわれの祖先はアフリカにいた一人の女性？

ヒトのミトコンドリアＤＮＡ多型（配列の個人差）に着目した研究で、最も脚光を浴びたのが、「現代人のアフリカ単一起源説」を導き出したアメリカのキャン博士らによる1987年の報告です。博士らは世界各地から集めた147名のミトコンドリアＤＮＡ試料を制限酵素（数塩基の特定の塩基配列を認識して、切断する酵素）を用いて分析し、タイプ分類に基づいて系統樹を作ったところ、世界の人たちのミトコンドリアＤＮＡのタイプは大きく二つに分かれる結果となりました。一つはアフリカ人だけに対応した小さなグループであり、もう一つはアフリカ人とそれ以外の地域の人たちのタイプが混ざった大きなグループです。また系統樹の根元（分岐が始まるところ）にあたる祖先がいたのは、20万年前であることも推測されました。ミトコンドリアＤＮＡは母性遺伝をしますので、それぞれのタイプから母系の系列を通じて根元を目指してさかのぼれば、最後は一人の女性に行きつくことになり、系統樹の根元にあたるのが、その祖先ということになります。ミトコンドリアＤＮＡは組み換えがなく一人の女性からのみ伝わるので、祖先をたどっても拡散がなく一人の女性の祖先からそのまた遠い母系の女性の祖先というようにたどっていくことができるのです。

キャン博士らの結果に戻って考えると、ミトコンドリアＤＮＡから見た場合、祖先は20万年前に存在したたった一人の女性に行きつくことになります。系統樹の状況からして、その女性はおそらくアフリカにいたのではないかと推測されます。すなわち現代人の持つミトコンドリアＤＮＡは20万年前にアフリカにいたたった一人の女性ということになります。

この架空の祖先の女性は旧約聖書のアダムとイブの話になぞらえて、後に「ミトコンドリア・イブ」と呼ばれることになります。もっとも、補足しておかなければいけないのは、20万年前に女性が「ミトコンドリア・イブ」だけだったということではなく、当時アフリカのどこかにいた我々の遠い祖先の人たち、おそらく数千人から数万人いたグループの中の一人の女性のミトコンドリアＤＮＡだけが残ったということです。他の女性から始まる女系の流れはどこかで途絶えてしまい、ある一人の女性から始まったものだけが今日まで伝えられているということです。また、そのグループにいた他の男性や女性が子孫を残していないということではなく、他の遺伝子などの祖先になっている可能性は大きいと思われます。

祖先が一人の女性に行きつくということよりも、人類進化を考えた場合に重要なのは、「20万年前の祖先」という推測です。なぜなら、20万年前にはヨーロッパやアジアには既に人類がいたことが化石の証拠から明らかであるからです。例えばヨーロッパ地域には約50万年前には、ホモ・ハイデルベルゲンシスが住みつき、それがネアンデルタール人（ホモ・ネアンデルターレンシス）に進化して、数万年前までヨーロッパにいたことがわかっています。またアジアの中国やインドネシアでも、おそらくこの時代には別の系統の人類がいたと思われます。20万年前にヨーロッパやアジアにいた人類はどうなったのかという疑問にいたりますが、答としては「子孫を残していない」あるいは「絶滅した」と言ってよいことになります。

ちなみに私どもが世界のいろいろな集団のミトコンドリアＤＮＡについて調べた結果でも、アフリカの人たちのタイプが独自の枝分かれをつくることや、アフリカの集団が他の集団からかなり離れたところにくることから、キャン博士らの結果と矛盾しないことがわかりました（図８・２、図８・３、斎藤成也博士との共同研究、１９８８年）。

キャン博士らの結論は、しばらく人類進化の実態に関する大論争へと発展することになります。もし「アフリカにいたと思われる祖先」の年代が80万年前あるいは１００万年前

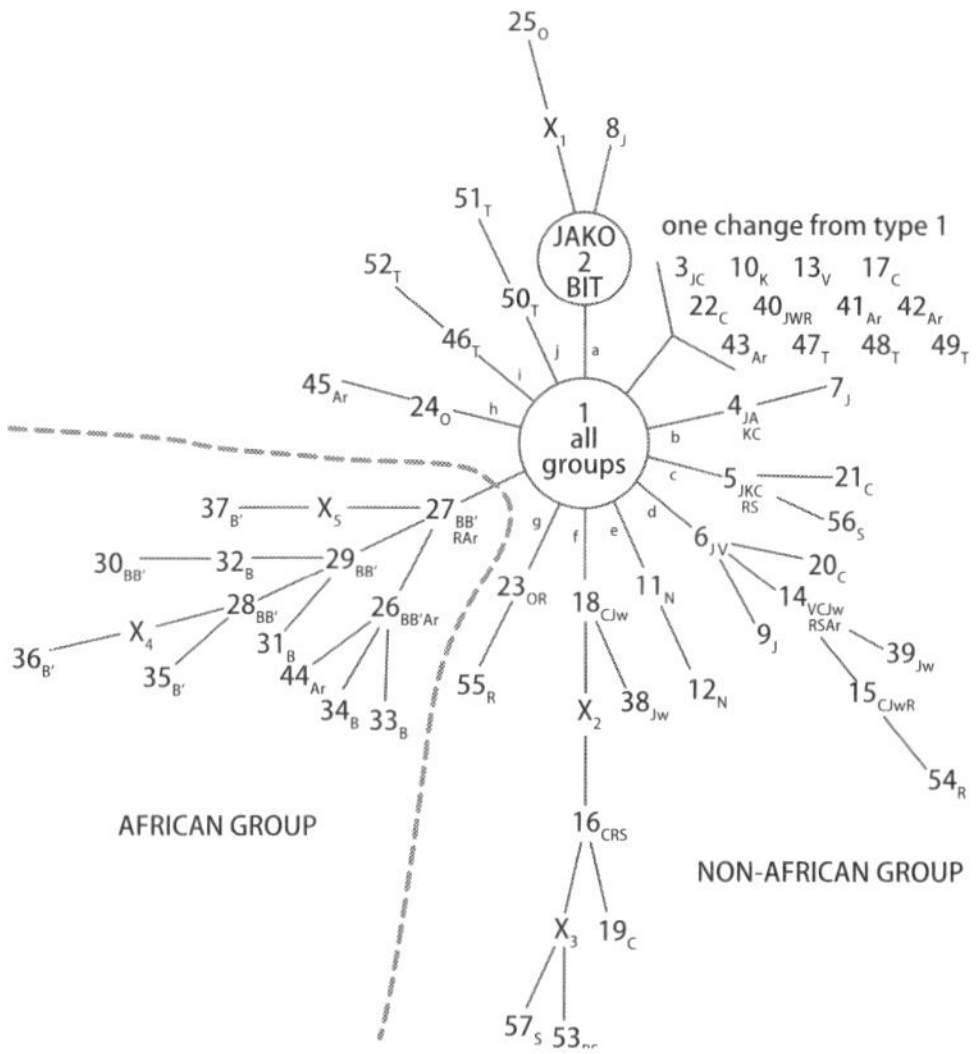

図8・2　　制限酵素の切れ方で分類したミトコンドリアDNAのタイプの相互の関係。アフリカだけのタイプからなるグループと、アフリカとそれ以外の全地域の民族で見つかったタイプからなるグループとに大きく分けられます。

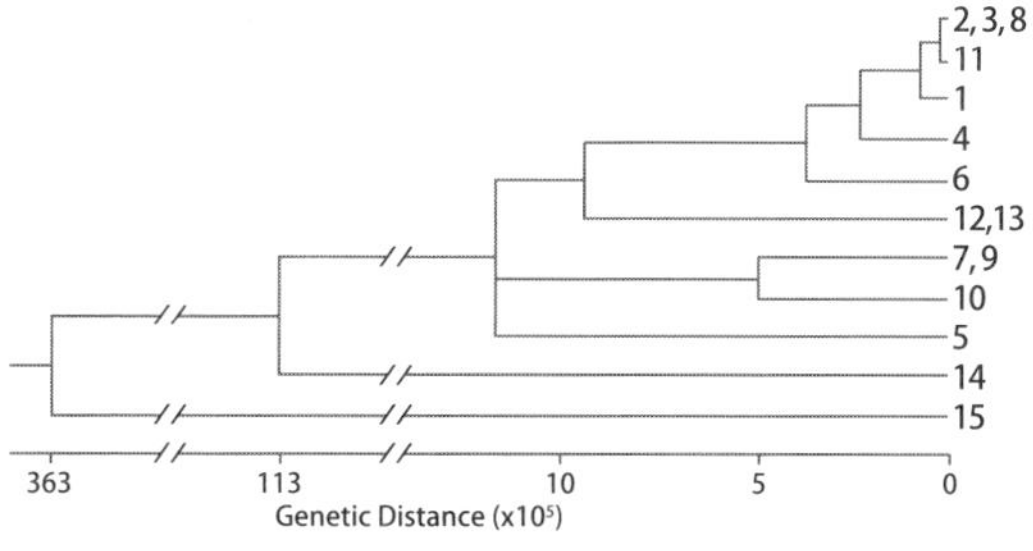

図8・3　　制限酵素の切れ方から解析して得られた民族集団間の系統関係。14、15のアフリカの民族だけが遠く離れています。

なら、人類が原人の段階でアフリカから他の地域へ進出したと思われる頃の年代とほぼ一致しますので、何の問題もなかったと思われます。人類は類人猿との共通の祖先から分かれてから、猿人を経て原人の段階にいたるまではアフリカで進化を続け、およそ100万年前にアジアなど他の地域に進出し、各地に根付いてからはその場所で独自の進化をたどったのだろうと従来考えられていました。この考え方は、論争の過程で「多地域進化説」と称されることになります。

キャン博士らが考えた人類進化のシナリオは、それを否定するもので「現代人のアフリカ単一起源説」とされました。およそ20万年前に現代人の祖先集団がアフリカで誕生して、それ以降にアジアやヨーロッパに拡散していったとする考え方です。そのために、既に各地にいた他の人類は絶滅した（絶滅においやられた？）と主張されることになります。

キャン博士たちの報告から始まり、世界の多くの人類学者が「多地域進化説」と「アフリカ単一起源説」いずれかの陣営について、それぞれが「証拠」をあげて論争を繰り広げる展開となりました。その後、Y染色体や他の遺伝子・DNAの分析でも同様の結果が報告され、遺伝学の立場からは「アフリカ単一起源説」がほぼ確定的になってきました。Y染色体の研究からは、ミトコンドリア・イブならぬ「Y染色体のアダム」がやはりアフリカにいたらしいことがわかりました。骨・化石を専門とする形態人類学の研究者の多くは多地域進化説であったのですが、「アフリカ単一起源説」に沿った見解を唱える人も多くなりました。

論争に決定的な影響を与えたのが、ネアンデルタール人の化石からとられたＤＮＡの分析結果でした。１９９７年ドイツのペーボ博士らのグループが、最初に発見されたネアンデルタール人の腕の骨からＤＮＡを取り出して、ミトコンドリアＤＮＡの分析をしました。ＰＣＲ法という、わずかな量のＤＮＡを増幅する技術がこのような分析を可能にしたのですが、分析結果は「アフリカ単一起源説」を補強するものでした。ネアンデルタール人のミトコンドリアＤＮＡと現代人（ホモ・サピエンス）のミトコンドリアＤＮＡの配列と比較したところ、その違いは60万年に相当することがわかりました。その後、ネアンデルタール人の他の化石の分析でも同様の結果となり、いよいよ「アフリカ単一起源説」が確定かということになりました。

我々はネアンデルタール人の子孫でもある

「日本人にはネアンデルタール人の血も混ざっている」と言われると、かなり違和感を覚えられる方が多いと思います。ここまでの話では「現代人のアフリカ単一起源説」で決着したことになっていますし、また主にヨーロッパにいた彼らの遺伝子が日本人に伝わるはずがないと思うのが、常識的な考え方でもあるかと思います。

しかしながらネアンデルタール人のDNA分析が進むと、単純に「アフリカ単一起源説」では説明しえない事実が明かされることになったばかりか、それは我々日本人の遺伝子構成にも関わることであることがわかりました。報告をしたのは、やはりペーボ博士らのグループですが、2010年にさらに進んだDNA分析技術を応用してネアンデルタール人の核DNAを分析し、世界各地の現代人のDNAと比較したところ、アフリカ人以外の現代人にはネアンデルタール人のDNAがわずかながらも残っていることが明らかになりました。

「アフリカ単一起源説」は厳密には、サハラ砂漠より南に住んでいるアフリカ人にしか適用されないということになりますが、なぜそうなったのかについては、いろいろな解釈

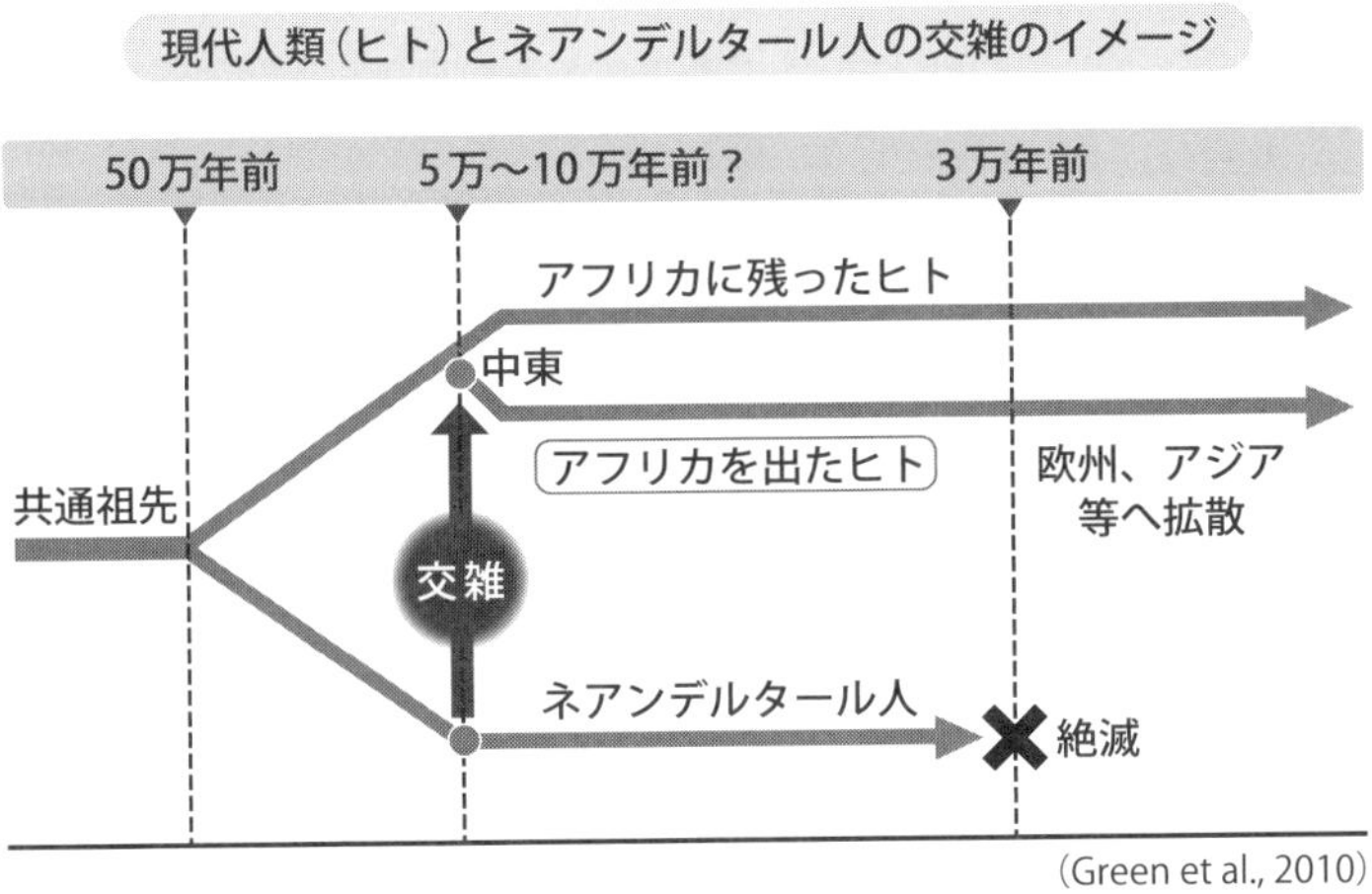

図8・4　ネアンデルタール人の詳細なゲノム分析から推定された、ネアンデルタール人とホモ・サピエンスとの交雑。おそらく中東地域に進出してきたホモ・サピエンスがその地にいたネアンデルタール人と交流して彼らの遺伝子を自分たちのDNAに取り込んだと思われます。（朝日新聞の記事より）

ができるようです。ホモ・サピエンスの段階にまで進化した現代人の祖先がアフリカから出て、中東地域を経てヨーロッパやアジアなどに広まる前に中東地域にしばらく留まる時期があり、そのときに、当時やはり中東地域にいたネアンデルタール人との間で「交雑」があったのではないかというのが、一つの考え方です。ネアンデルタール人とアフリカで新たに登場したホモ・サピエンスが遭遇して、異なる人種ならぬ人類の間で婚姻関係を通じての遺伝子の交流があったのかもしれません（図8・4）。

A3243G変異と病気・老化

ミトコンドリアDNAは人類学の側からの興味で研究が進められているばかりでなく、病気などとの関連で注目を浴びています。特定の部位の変化が重い病気を引き起こすこともわかってきています。ミトコンドリアDNAは、今では少しのタンパク質の遺伝子しか持っていませんが、ミトコンドリアの機能を考えると不可欠なものであり、タンパク質の合成などに影響をもたらす変化はしばしば重大な結果を招きます。

いくつかそのような病気をもたらす部位の変化（変異）が知られていますが、中でも全長16569塩基中3243番目の塩基がAからGへと変わる変化（A3243G変異）がさまざまな病気を引き起こすことが明らかになっています。この変異はアミノ酸・ロイシンを運ぶトランスファーRNAの遺伝子内で起こる変化で、トランスファーRNAの構造の変化となって現れてミトコンドリアの中でのタンパク質の合成に支障をきたし、さらにミトコンドリアの機能の低下（エネルギー供給能力の低下）となって現れます。

ミトコンドリアDNAは一つの細胞あるいは一人の個人の中にたくさんありますが、その全てでA3243Gの変化が生じると、おそらくそれは生存不能の状態となります。このミトコンドリアDNA異常による病気を引き起こす変異は、たいていは全てのミトコンドリアDNAにある割合で起きていて、その比率が多いか少ないかで現れる症状が異なってくると考えられています（図8・5）。一人の人が同時に塩基の並びが違う二つのタイプのミトコンドリアDNAを持っていることになりますが、この状態をヘテロプラスミーと称します。

ヘテロプラスミーの割合が高い、すなわち全ミトコンドリアDNA中のA3243Gの比率が高い場合、MELAS（メラス　Mitochondrial myopathy, Encephalopathy, Lactic Acidosis, Stroke-like episodes　ミトコンドリア脳筋症・乳酸アシドーシス・脳卒中様発作

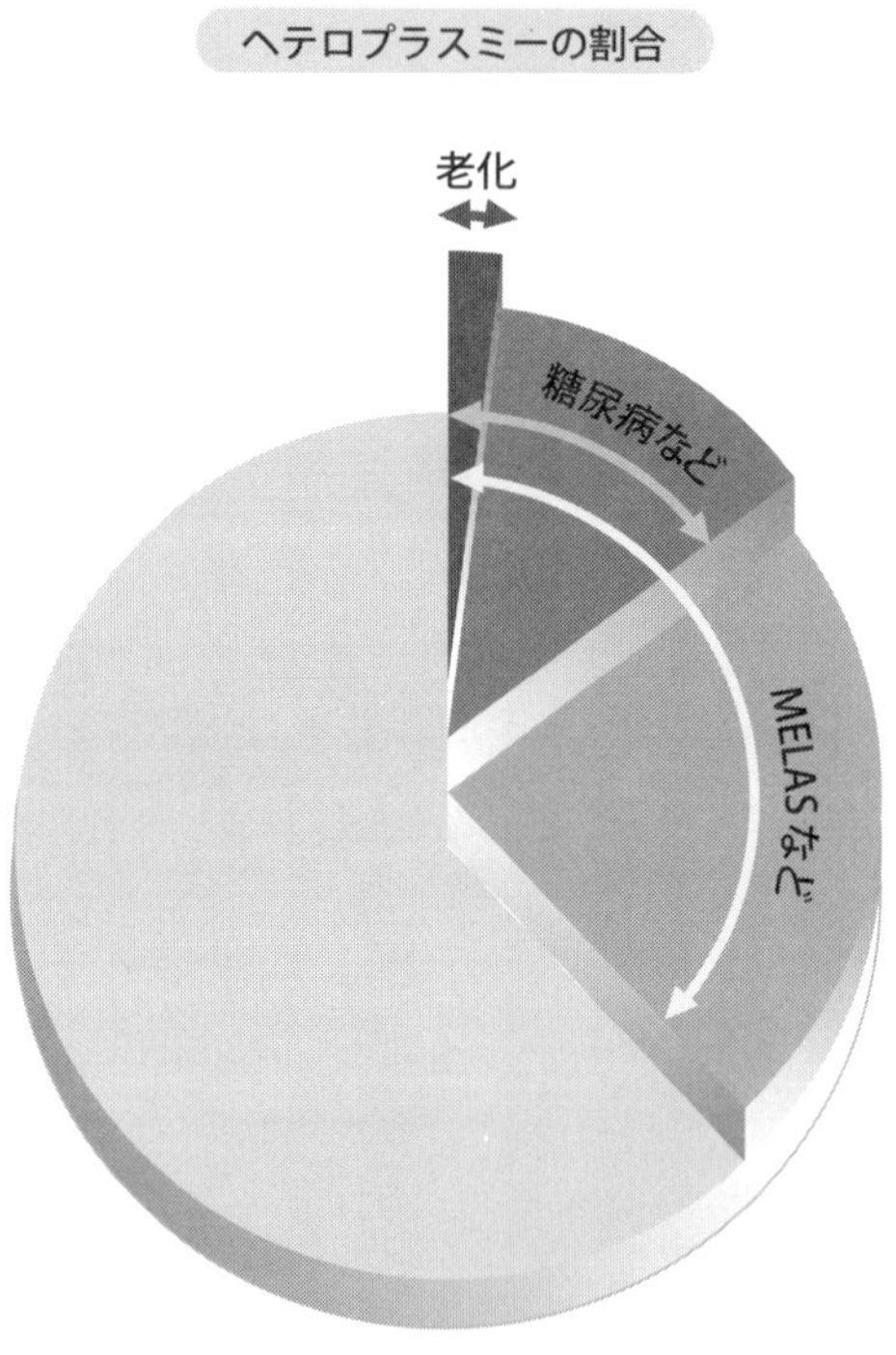

図 8・5　ミトコンドリア DNA、A3243G の変化によると思われる病気など。3243 番目の A の塩基が G になる変異（ヘテロプラスミー）の割合が大きいと MELAS などの重い症状となる病気となり、小さい場合は糖尿病の原因の一つとなります。また加齢現象としてこの変異の増加も観察されますが、増えたとしてもわずかであり、病気にはなりません。

症候群）と呼ばれる重い病気になります。幼い年齢で発症し、脳や心臓などに障害が認められる病気です。Ａ３２４３Ｇの比率が低い場合、糖尿病の原因の一つとなることも認められていて、ミトコンドリアＤＮＡ異常による糖尿病という意味で「ミトコンドリア糖尿病」と称されます。ミトコンドリア糖尿病の患者の多くは一般の糖尿病と区別がつかないことがほとんどで、ミトコンドリアＤＮＡを調べて初めてわかることが多いようです。糖尿病患者数百人に一人あるいは何人かという割合でいるようで、お医者さん向けに書かれた「ミトコンドリア糖尿病」という本がありましたが、その中に「あなたの患者さんの中にもミトコンドリア糖尿病は見つかる」といった表現を目にしたことがあります。

私たちも以前、内科のお医者さんや病理学の専門家と組んで、糖尿病の患者さんたちの血液や病理解剖で得られたさまざまな臓器についてＡ３２４３Ｇの割合を求めたことがありましたが、やはり数百人に一人くらいの割合でミトコンドリア糖尿病が疑われる例が認められました。明らかだと思われた患者の臓器について調べたところ、Ａ３２４３Ｇのレベルが臓器ごとに異なっているなど不可解なことも多く、論文にまとめるのに苦労しました（田久保海誉博士・竹内二士夫博士らとの共同研究、２００８年）。

こうした病気をもたらすような異常も母性遺伝として、母親から由来すると思われ、実際に母子ともにA3243Gの変異レベルが高い例も報告される一方、母親のレベルがさほど高くないのに、子どもで急上昇している例もあります。母子でヘテロプラスミーの割合が異なるという現象はミトコンドリアDNAにおける突然変異（子どもの代で親と異なる変化が起きること）の様子を考える上で参考になる一つの例と言えるでしょう。

このミトコンドリアDNAのA3243G変異は実は誰しもが生まれたときから、わずかながら持っているものです。変異のレベルが高い、すなわち異常を持つミトコンドリアDNAの割合が多い場合にMELASや糖尿病を発症することになりますが、多くの人は病気とは無縁に過ごすこととなります。しかしながら、このA3243G変異のレベルは歳をとるごとに徐々に増えていく傾向があります。全ての臓器で見られる現象ではなく、血液や食道のように常に細胞が分裂して入れ替わっていくような臓器では加齢変化がほとんどないのに対して、心臓のように一度出来上がると細胞の交代・入れ替わりがほとんどなくなる臓器では、加齢とともにA3243Gのレベルの上昇が認められました。ただし、増加するといってもせいぜいヘテロプラスミーの割合が1％ぐらいに上がるくらいで、それが原因で何かの病気になることは考えられません。

加齢変化としてのA3243Gレベルの上昇は、どれだけ高くなってもミトコンドリア糖尿病を起こすようなレベルにまでは至りませんが、遺伝子・分子に見られる加齢現象としては重要です。核ＤＮＡのほうでも同様の変化があって、外見の変化として見られる加齢変化とも関わっているのかもしれません。

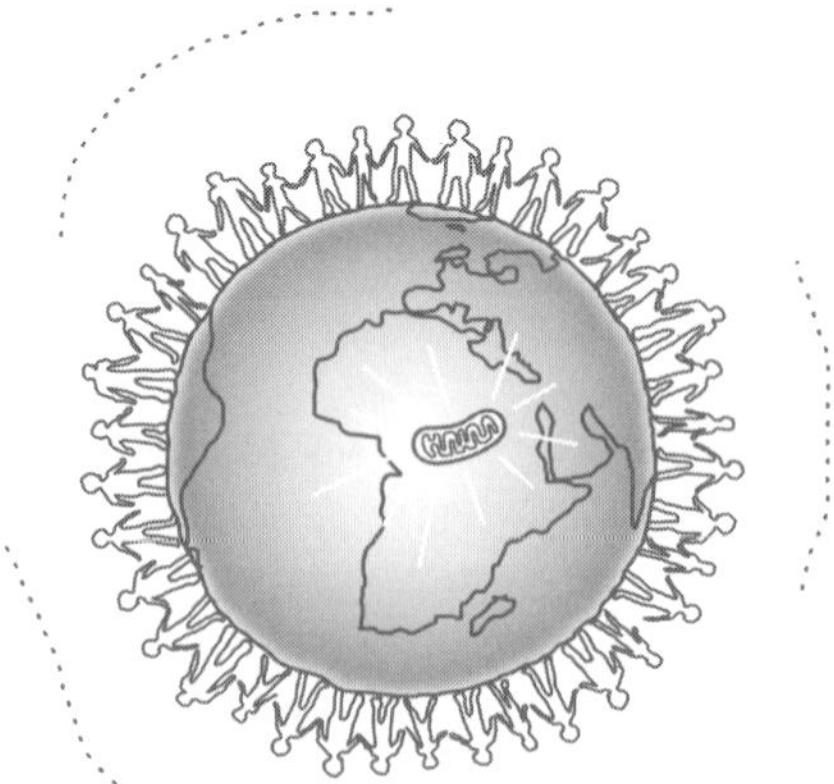

第9章

遺伝子から見た日本人の起源

第9章 遺伝子から見た日本人の起源

日本列島にいつからヒトが住みついているのか、そして今の日本人はどのように形成されていったのかについては、われわれ日本人自身が大きな興味を持っていることです。明治時代以降、さまざまな学説が提示されましたが、今では縄文時代に日本列島に広く住んでいた縄文人と弥生時代以降に日本列島に渡来した人たちが混ざりあうことで日本人が形成されていったとする説が有力となっています。

しかし縄文人はどのような人たちだったのか、弥生時代以降に渡来してきた人たちの正確なルーツはどこなのかなど解明されていない課題も多く、今後の研究の進展にゆだねられています。ここではミトコンドリアDNAなどの遺伝子研究から日本人の起源・成り立ちがどう考えられているのかなどを見ていくことにしましょう。遺伝子という観点からも縄文人と弥生人には大きな違いがあるようです。

日本人の成り立ちについて どのように考えられているのでしょうか？

現在私たち日本人は日本列島の中で生まれて暮らしていますが、日本の中で人類が生じて進化して日本人になったわけではなく、どこかから来て住みついた人たちの子孫です。いつどのようにして日本列島に人が来て、日本人という民族が形成されていったのかについては諸説ありますが、有力でほとんどの人類学者に受け入れられているのが「二重構造モデル」という説です。1980年代後半に埴原和郎博士が提唱した考え方で、以下のようなストーリーとなります。まず、縄文時代には日本列島にアジア南方の地を出自《しゅつじ》とする縄文人（図9・1）が広く住んでいました。弥生時代になると、稲作農耕の技術とともにアジア大陸から新たに大勢の人がやってきますが、彼らが渡来系の弥生人となります。この時代に渡来した人は北方アジアに起源を持つ人たちであったと思われます（図9・2）。日本人は縄文人の血をひく在来系の人たちと弥生時代以降の渡来系の人たちとが混ざりあうことで成立していきましたが、その混ざり方には地域差がまだ残っていて、西日本ではほぼ渡来系の人たちに入れ替わっているのに対して、東日本・北日本では縄文人の

図 9・1　骨の特徴などから類推された縄文人の顔。顔は短く、またえらが張った角ばった顔つきですが、鼻は高く立体的な顔つきです。また二重瞼をしていてひげや体毛が濃かったと考えられます。

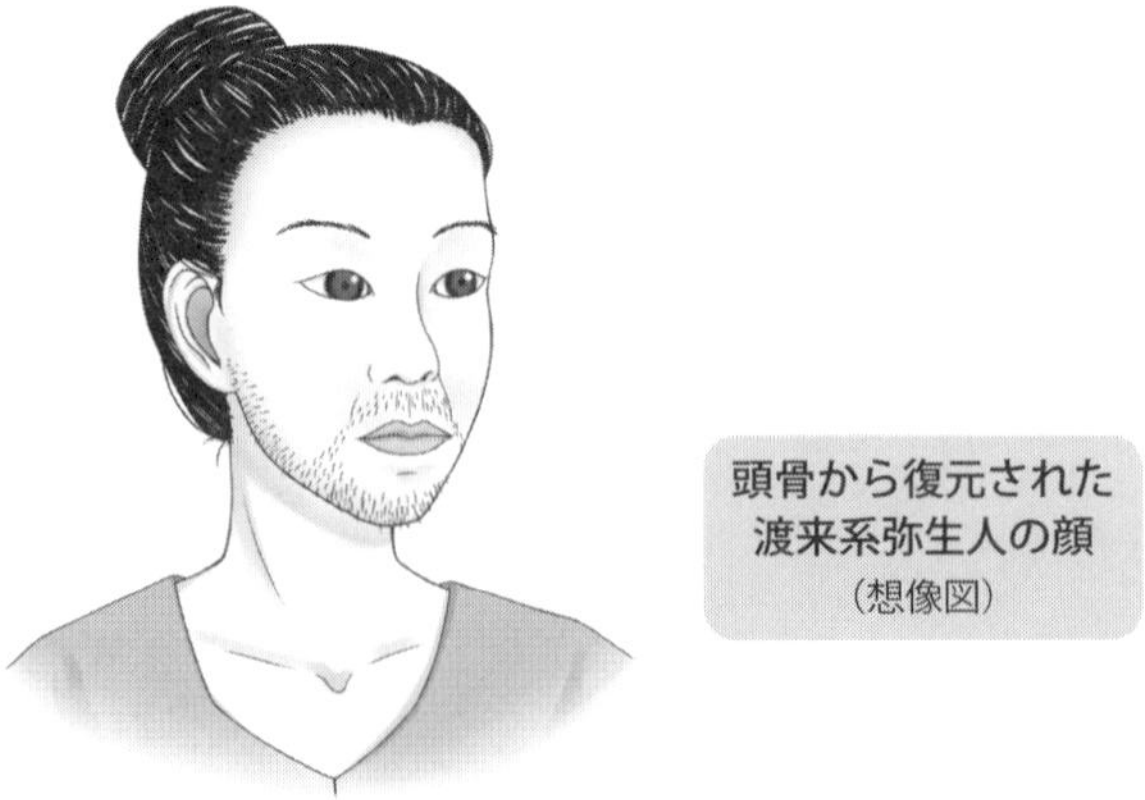

図 9・2　骨の特徴などから類推された渡来系弥生人の顔。面長で平面的な顔つきをしていて、ひげや体毛などが薄かったと思われます。

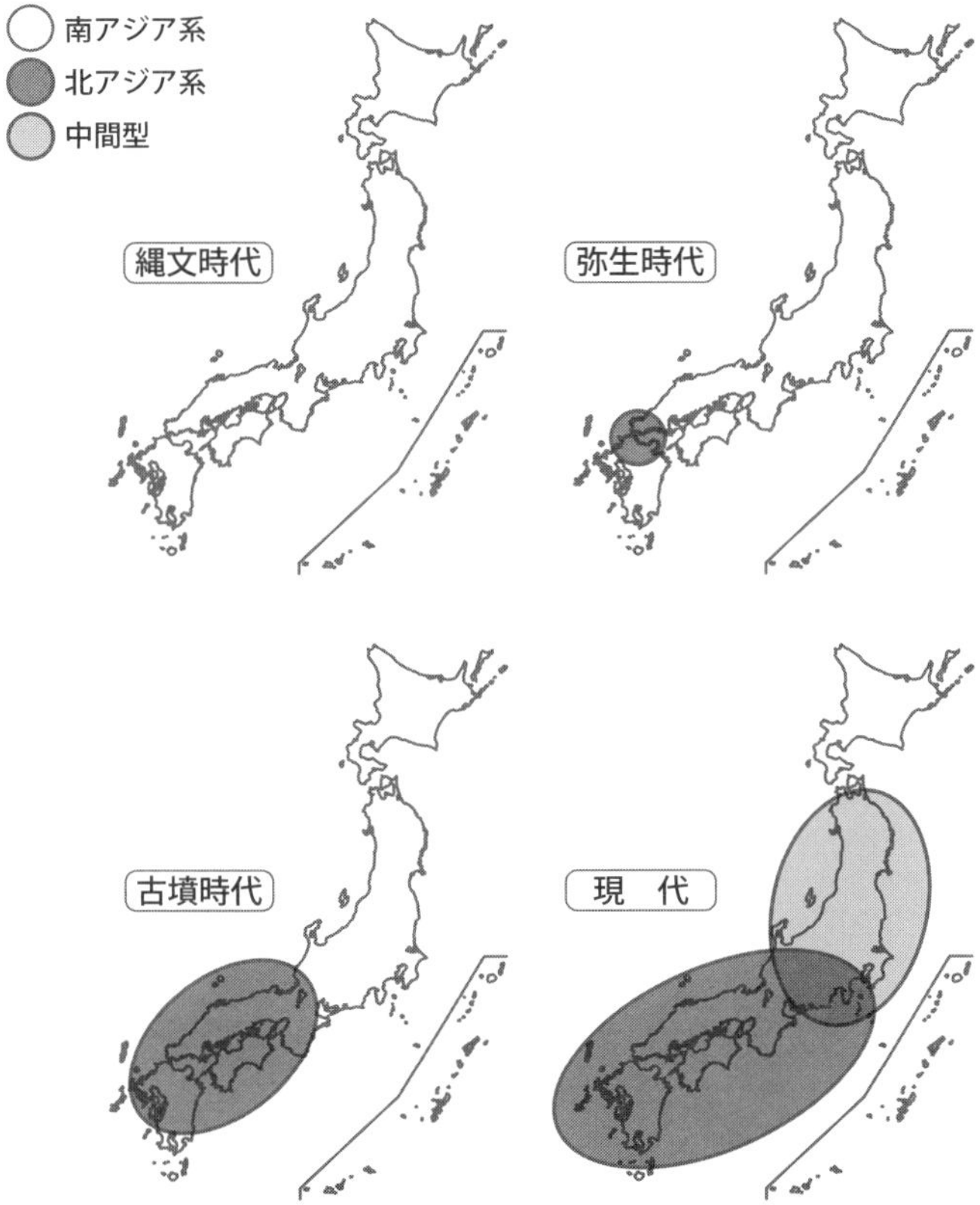

図9・3　埴原和郎博士が提唱した「日本人の成立に関する二重構造モデル」。先住民としての縄文人が住んでいた日本列島に弥生時代に渡来系の弥生人が移住して、縄文系の人たちと混血しながら分布域を拡大していき、現代日本人へとつながっていくことになります。混血の程度には地域差があり、東北地方などでは今でも縄文人の影響がやや強く残っています。（埴原和郎博士、1992より）

影響が強く残っていると考えられるというものです（図9・3）。

埴原博士は北海道にいるアイヌ（本土日本人と混血する前の状態で）は、ほぼ直系の縄文人の子孫であり、沖縄の人たちも本土日本人よりははるかに強く縄文人の影響を受けているとも考えました。

このような日本人起源についての考え方は、おおまかなことに関して人類学者の中では広く受け入れられています。しかし縄文人の祖先がどこから来たのか、渡来系の弥生人の出自は何かなど、細部ではまだまだわからないことが多いのが現状ですし、また縄文系と渡来系の混ざり方に地域差があるとしたら、その比率は各地でどうなっているのでしょうか。

ミトコンドリアDNAから見た日本人

縄文人はアジア南方を起源とする人たちであるのに対して、渡来系弥生人は北方アジア系とされていますが、はたしてそうなのでしょうか。石器を研究している考古学の研究者によると、縄文人の祖先とも思われる後期旧石器時代に日本列島にいた人たちは、シベリアなど北回りのルートで日本列島に来たのではないかとも考えられています。

考察にあたって、私たちは三つのミトコンドリアDNAの特徴（変異）に着目しました。これらはアジア系集団やアジアから由来したとされるアメリカ先住民に多く見られる特徴です。一つは9塩基対欠失です。機能に影響は与えませんが、9塩基の配列が短いミトコンドリアDNAを持つ人が、日本人では15～16％ほどいます。この特徴は、東南アジアの島国（インドネシアなど）やポリネシアなどの南方の島々の地域によく見られる特徴で、地域によっては、ほとんどの住民がこの特徴を示します。

HincⅡという制限酵素（特定のDNA塩基配列数塩基分を認識し、その部位でDNAを切断するバクテリア由来の酵素）でミトコンドリアDNAを切断した際のDNAの長さのパターンはいくつかに分類されますが、残りの二つの特徴はこのパターンにあたります。一つはモルフ1と称されるタイプで、マレー半島先住民やベトナム人でよく見られます。分布が異なりますが、9塩基対欠失とともにアジア地域では南方の人たちを特徴づける変異と見なすことができます。

残りの一つの特徴も制限酵素 HincⅡによる切断パターンでモルフ6と称されるものです。このパターンはアメリカ先住民のいくつかの集団で高い頻度で見られるものですが、日本・中国・韓国などの東アジア地域では低い頻度でしか検出されません。

これらの特徴については既にいくつかの報告がありましたが、私たちはさらに日本人、北海道アイヌ、韓国人、フィリピンのネグリト、中国の北方少数民族二つ、モンゴル系の2民族、コロンビア先住民3民族を加えて比較しました(図9・4)(図9・5)(図9・6)。

まずアジアの南方の島国やポリネシアなどでよく見られる9塩基対欠失の変異ですが、日本人でも10%以上見つかり、日本人にも比較的によく見られる特徴と言えます。埴原博士が縄文人の影響が強いとする北海道アイヌと沖縄の人はどうなのでしょうか。もし彼らが南方の出自であれば、日本人より高い頻度でこの特徴が見つかってもよいはずです。ところが、北海道アイヌでは2%、沖縄では5%(沖縄のデータは宝来博士らによる)と日本人より低くなっています。HincⅡのモルフ1は日本人でも頻度があまり高くありませんが、北海道アイヌの人たちでは見つかりません。

要するに、ミトコンドリアDNAからは、縄文系の集団と見なされる北海道アイヌや沖縄の人たちは、本土日本人よりも南方的な要素が少なく、南方由来とは考えにくい結果となりました。

北海道のアイヌの人たちに関しては、混血の影響が関わっているのではないかという疑

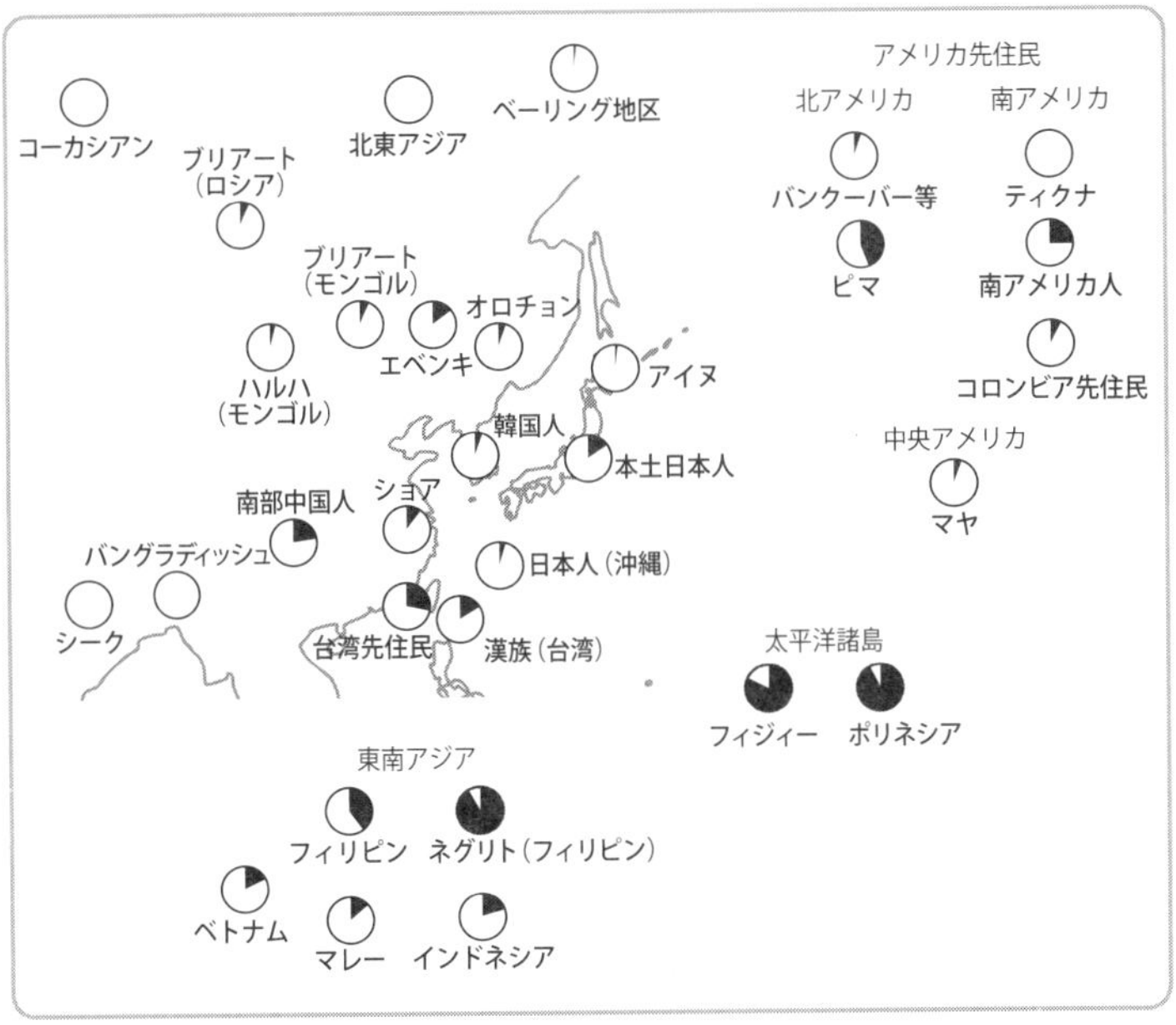

図9・4　ミトコンドリアDNAの9塩基対欠失の割合。アジアなどの各民族・地域での割合を地図上に示します。東南アジアの島国やポリネシアで高い割合となっています。

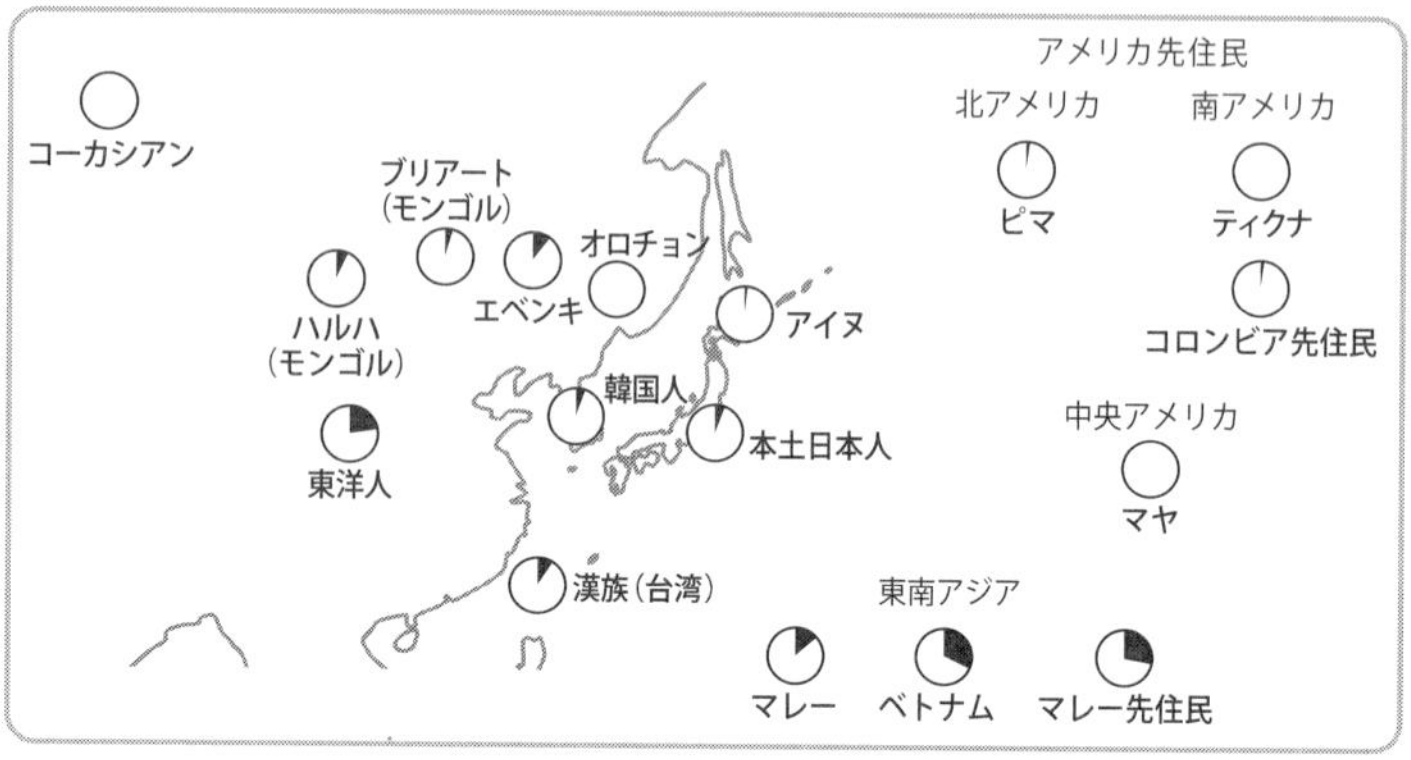

図9・5　ミトコンドリアDNAの制限酵素Hinc IIによるモルフ1の割合。アジアなどの各民族・地域での割合を地図上に示します。東南アジア大陸部でよく見られるタイプです。

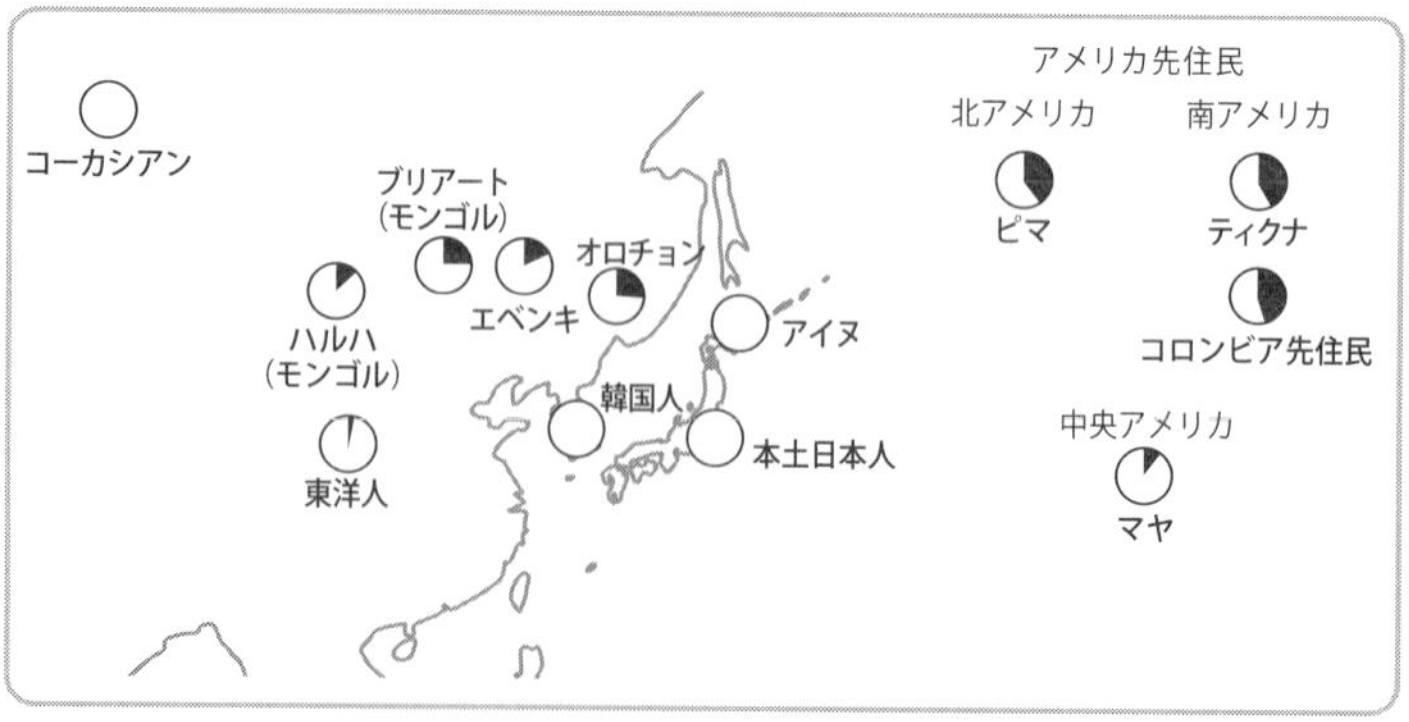

図9・6　ミトコンドリアDNAの制限酵素Hinc IIによるモルフ6の割合。アジアなどの各民族・地域での割合を地図上に示します。アメリカ先住民や東アジア東部の寒冷地域でよく見られるタイプです。

間はあっていいと思います。本来は南方系なのに、特にこの100年ほどの間に急速に進んだ「和人」との混血が本来の特徴を薄めたのではないかとするものです。ところが、ミトコンドリアＤＮＡについては本土日本人のほうが、より南方的な特徴を示すことがわかっていますので、この議論は意味をなさないことになります。

尾本恵市博士らによる血液中のタンパク質のタイピング分析や、松本秀雄博士らによるＧｍタンパク質のハプロタイプ分析の結果でも、沖縄やアイヌの人たちは、彼らは南方系というよりは北方アジア系に属するとの結論になっています。ミトコンドリアＤＮＡのみならず、遺伝学の立場からは縄文系とされる人たちはアジア北方系に属する集団と考えてよろしいでしょう。

制限酵素 HincII によるモルフ6は、東アジア地域ではあまり見られないのに、アメリカ先住民では高頻度で観察されることが知られていました。私たちがコロンビアの先住民について調べたところ、やはり30％〜50％の大変に高い割合でこの変異が見られました。この変異はアジア大陸ではほとんど見られないとされていましたが、中国の北方少数民族やモンゴル系の2民族でもわりと高い頻度で見られることがわかり、この特徴は東北アジア地域から南北アメリカまで分布するものだと言えます。アメリカ先住民はほとんどが1

万数千年前に北アジア、特にシベリア・モンゴルからベーリング海峡をわたってきた人たちの子孫であると言われており、祖先がいたと思われる地域でこの変異が多く見られることはよく納得できることかと思います。

しかしながらこの変異（制限酵素 HincⅡによるモルフ6）は、東アジアの主要な3民族、中国の漢民族、韓国人、日本人ではまれにしか見つかりません。東アジア系の人たちに見られる人種的な特徴は、モンゴルやシベリアなどの極寒の地で出来上がったものだとする説が人類学者の中では有力ですが、現在モンゴルや中国の北方地域に住んでいる人たちとミトコンドリアDNAの特徴の出現頻度がかなり異なっていることとは矛盾するようにも思います。

弥生時代に稲作農耕の技術とともに日本に渡来してきた人たちの故郷はモンゴルやシベリアといったアジア東北部の極寒の地域であったというのがこれまでの見解ですが、現在それらの地域にいる人たちと日本人とはミトコンドリアDNAにかぎってみると、さほど近い関係にはないように思われます。要するに、渡来系弥生人たちのルーツはモンゴルやシベリアなどアジア北方の地域に求めるのは適当ではないことになります。また制限酵素HincⅡによるモルフ6にのみ着目すると、東北アジア地域においてはモンゴル人や中国東北地方の少数民族など北の寒い地域の人たちと南側の、漢民族、韓国人、日本人など主要な民族との間に大きな隔たりがあることから、あたかも中国の「万里の長城」が人々の遺伝子の構成を分ける大きな壁になっているようにも思えてきます。もちろん万里の長城は、歴代の中国の王朝が築いてきた人口的な構築物であり、それが人々を隔てる原因になったことはありえませんが、長城と重なるように民族・遺伝子を分ける境界があるように思えてくるのです。

そうすると、日本列島に弥生文化をもたらした渡来系の人は、いったいどこからやってきたのでしょうか。現在は、PCR法というDNA増幅技術が、古い人骨のDNAの分析を可能にしたことから、弥生時代の遺跡で見つかった人骨のミトコンドリアDNAが調べられるようになりました。またほぼ同じ時代の中国のいくつかの遺跡の人骨についても調査が進められています。実際に日本の遺跡と中国の遺跡で、顔の特徴がよく似た骨が見つかることから、弥生時代にやってきた人たちのルーツは中国本土ではないかと考える研究者もいます。

植田信太郎博士のグループなどが、中国側の遺跡の人骨のDNA分析を進めていて、日本の弥生時代人との関係が明かされることが期待されます。

弥生時代が始まる頃にどのような人の動きがあったのかを探るためには、やはり日本により近接した朝鮮半島にどのような人たちがいたのかが重要になりますが、韓国国内の人骨の分析は最近始められていて、成果が期待されています。韓国南部で見つかった2000年前の人骨（勒島人骨）を3次元計測法などの新しい技術で分析している藤田尚博士らによると、その骨格的な特徴は基本的には渡来系弥生時代人と類似しているとのことです。しかし煙台島（韓国南部の島嶼地地域）で見つかった6000年前の人骨は2000年前の人骨とは異なり、藤田博士によると縄文人の特徴と渡来系弥生人の特徴を併せ持つとのことです。日本列島で多く見つかる縄文人的な人たちが、東アジアにどのぐらい広がっていたのか、また渡来系弥生人の特徴を持つ人々が、いつ頃から朝鮮半島に入ってきたのかなど、この地域の人々がどう変遷してきたのかについての興味はつきません。

日本列島各地域における縄文人と渡来系弥生人との比率

日本人の起源・成り立ちについては、縄文時代に日本列島に住んでいた縄文人と弥生時代以降に日本列島にやってきた渡来系の人たちとが混じりあった結果だということは、今は広く受け入れられるようになりました。ただ、日本人の祖先とも言える、縄文人や渡来系の人たちのルーツとなると、詳しいことがまだわかっていないのが現状です。強いて言えば、縄文人は旧石器時代に日本列島にやってきた人たちの子孫と考えられ、遺伝子的には現在の北アジアの人たちに近かったと思われます。また渡来系の弥生人は、東アジアのどこかにルーツを持つ人たちで、日本人の祖先の大半を占めています。

日本人の成り立ちに縄文人と渡来系弥生人とが関わっているとするストーリーは、埴原和郎博士が「二重構造モデル」として提唱しましたが、同博士はその中で日本列島全体で見ると、二つの系統の人たちの混ざり方は均一ではなく、どちらの祖先の影響が強いかという点で地域差が未だに強く残っているとしました。東日本・北日本では縄文人の影響が強く残り、西日本ではほとんど渡来系の人たちの子孫で占められているとするものです。縄文系の人の特徴は「顔の彫が深く、ひげや体毛が濃く、二重まぶたの眼を持つ」ことと考えられます。渡来系の人たちは「平面的な顔つきで、ひげや体毛が薄く、一重まぶたの眼である」と見なされます。このうち、一重まぶた・二重まぶたについての比率については、地域ごとの観察データがとられたことがあります（欠田早苗博士、1978年）。北日本では二重まぶたが多いのに対して、近畿地方では一重まぶたが多くなる傾向が確かにあります。

しかし、ある地域あるいは地方ではどれくらいの比率で縄文人と渡来系弥生人の影響が残っているのかを、遺伝子の立場から求める研究はあまりなされてきませんでした。この答を求める研究をしているのが、筑波大学名誉教授の住《すみ》斉《ひとし》博士らのグループです。住博士は定年退官後に自身の出身地である、岐阜県飛騨地方の人たちのルーツを明らかにする目的を持ってミトコンドリアDNAの塩基配列の違いを調べ始めました。ミトコンドリアDNAの中で、違いが大きいDループ領域と呼ばれるところの配列を求め、その違いから各個人が持つミトコンドリアDNAをいくつかのハプログループというタイプに分類します。住博士は、飛騨の人たちの間での各ハプログループがどのような割合で出るのかを調べ、また国内外の他の地域や古代人骨のハプログループの様子を比べていたところ、二つのハプログループに特に着目すべきだとの結論にいたりました。一つは特に沖縄の人たちに多くみられるハプログループM7aで、こちらは日本列島以外ではほとんど見られないことや縄文人骨でも検出されることなどから縄文人とその子孫を特徴づけるハプログループと見なすことができます。もう一つは、渡来系の弥生人を特徴づけるハプログループで、ハプログループN9aです。こちらのハプログループは、縄文人骨にはまったく見られないことから弥生時代以降に渡来した人たちによってもたらされたことは確かだと思われます。

住博士は、ある地域の人たちについて、そこでのM7aとN9aの二つのハプログループの割合からその地域の縄文人を祖先とする人たちと渡来系弥生人を祖先とする人たちの比率が求められることを提案しました。その原理は図9・7にあるように、ある集団において人々は母系の祖先は縄文人か弥生人かのいずれかにあたります。すなわちミトコンドリアＤＮＡから見て縄文人の子孫と渡来系弥生人の子孫が混ざってその地域の人たちが成り立っているわけです。縄文人・渡来系の人たちはミトコンドリアＤＮＡのどれかに分類されるハプログループを持っていますが、それらのハプログループはほとんどが両方の祖先に由来すると思われるもので、区別はできません。ところが、ハプログループM7aを持つ人は縄文系の人にかぎられ、N9aを持つ人は渡来系弥生人の子孫にかぎられます。縄文系の人たちの中でのM7aの比率をR(M7a)、地域の人たち全体の中でのM7aの比率をXとすると、その地域における縄文系の人の割合はX／R(M7a)となります。同様に渡来系弥生人の子孫の人たちの中でのN9aの比率を（N9a)、地域全体の中でのN9aの比率を

図9・7　ミトコンドリアDNAのハプログループから見た日本のある地域における縄文系の人と渡来系弥生人の人たちとの関係。ハプロタイプ M7aは縄文人を祖先とする人たちのみに見られ、ハプロタイプN9aは渡来系弥生人を祖先とする人たちのみに見られる。

（単位：%）

	縄文系比率	弥生系比率
沖縄	96.7	3.3
宮崎	68	32
北九州	54.2	45.8
美濃	47.8	52.2
飛騨	71.3	28.7
首都圏	37.2	62.8
中之条	61.6	38.4
東北	77.8	22.2

表1　ミトコンドリアDNAのハプログループ、M7aとN9aの割合から計算して求められた、日本各地における縄文系と弥生系の比率。

Yとすると、Y／R(N9a)がその地域の中での渡来系弥生人の末裔の比率となります。その地域の人々は、縄文系か渡来系弥生人の流れをくむか、いずれかしかないので、X／R(M7a)＋Y／R(N9a)＝1が成り立ちます。XとYは実際の実験解析から得られる数値ですが、隣接する2地域の間では、R(M7a)とR(N9a)は共通すると思われ、住博士は飛騨地方と美濃地方のデータ(田中雅嗣博士らによる)の比較から、二つの地方のR(M7a)とR(N9a)の値を推定しました(それぞれ、14・9％と9・4％、平成24年5月現在)。

さらに弥生人たちの渡来が比較的に最近のできごとであり、いっきに日本列島各地に広まったと仮定しても差し支えないとすると、R(N9a)の値は全国一律となります。R(N9a)の値が固定されているとすると(9・4％)、式X／R(M7a)＋Y／R(N9a)＝1において、Yの値すなわちハプログループN9aが検出される割合が実験で求められると同時に、渡来系弥生人の系統の人が全体の中でただちに求められます。その割合を1から引いた値が、ミトコンドリアDNAから見たその地域での縄文人の子孫の割合となります。表1は、全国8地点での縄文系子孫と渡来系弥生人の子孫との比率をまとめたものです。縄文人の割合が大きいのが沖縄、次いで東北地方となっていて、だいたい妥当な結果と言えるでしょう。

その他の遺伝子などから見た日本人の起源

他の遺伝子から見た日本人の起源はどうなっているでしょうか。

母系で伝わるミトコンドリアDNAに対して、父系すなわちお父さんから息子へと受け継がれるY染色体（の非組み換え領域）から見た場合の結果がどうなのかが、まず気になります。Y染色体の非組み換え領域は、そのままの形で父親から息子へと伝えられるものであり、Y染色体何箇所かに見られる遺伝的な特徴の違いは組み合わせとして染色体全体としてとらえることができます。ミトコンドリアDNAがハプログループとして分類されたように、このような組み合わせで見た特徴の違いはハプロタイプとして分類されます。

日本人についてのY染色体の研究を精力的に行なってきたのは、中堀豊博士です。同博士によると、

・世界中の人たちのY染色体のタイピングに基づく系統樹を作ると、根元は一つとなり、「ミトコンドリア・イブ」に相当する「Y染色体のアダム」の存在があったらしい。

・日本人には450塩基の長さの配列（YAP）が挿入されたタイプが多いが、周辺の

他の民族ではほとんど検出されず（チベット人では多く見られるそうです）、縄文系のタイプの一つと見なしてよい。などの興味深いことがわかっているようです。

さらに日本人で検出されるハプログループのうち、縄文系のハプロタイプと渡来系弥生人のハプロタイプと見なされるもののそれぞれの割合を全国各地で比較したところ、特に大きな地域差は見られないようで、ミトコンドリアＤＮＡから見た状況とは明らかに異なっているようです。なお中堀博士は、残念ながら若くして逝去されましたが、その研究は佐藤陽一博士らのグループに受け継がれており、さらにデータが増えたときの解釈がどうなっているか期待されます。

さて、遺伝の仕組みの説明のところで例としてあげた酵素ＡＬＤＨ２の遺伝子も、日本人の起源・成立という点からは、興味深い状況になっています。原田勝二博士らが、全国各都道府県で、ＡＬＤＨ２の遺伝子のタイピングをしたところ、九州南部や東北地方などでＮ遺伝子（アセトアルデヒドを分解できるタイプ、すなわち酒に強いタイプ）の割合が高い一方、西日本や中部地方などではＤ遺伝子（アセトアルデヒドを分解できない、酒を飲むと赤くなるタイプ）が多いことを報告しましたが、一部の新聞報道ではＮ遺伝子のことを「酒豪遺伝子」と称していました。おもしろい表現だとは思います。各地のN遺伝子の割合は酒の消費量にも密接に関連するとの見方もありますが、N遺伝子を持つ人は普通に酒が飲みたくなるのは当然のことですので、酒を飲む習慣がN遺伝子の割合を増したというよりは、元々酒に強い人たちがいたところで必然的に酒の消費量が多くなっているということが真相ではないでしょうか。N遺伝子とD遺伝子の各地域での頻度の高低を見ると、祖先に縄文・弥生のどちらが多いかという二重構造モデルによく合った例として理解することもできます。なおN遺伝子とD遺伝子とは、一カ所の塩基の違い（GとA）しかありませんが、それによってタンパク質である酵素を構成するアミノ酸の組成が一カ所で異なり（グルタミン酸とリシン）、そのために酵素の活性が随分と異なることになります。

DNAの研究がさかんになるよりもずいぶん前に遺伝現象であることが明らかになった数少ない例として、耳垢が乾いているか、湿っているかという違いがあります。この遺伝については既に説明していますが、日本国内や日本の周辺地域の民族での状況から、湿ったタイプが多いのが縄文系であり、乾いたタイプが多いのが渡来系の人たちの子孫と考えられます。もっともヨーロッパ系の人たちやアフリカ系の人たちなどもほとんど湿ったタイプであることから、乾いたタイプが東アジアで生じて周辺に広がっていったと見たほうがより正確です。この遺伝子については、新川詔夫博士らのグループが薬剤耐性に関わる遺伝子の一つ、ＡＢＣＣ１１であることを２００６年に明らかにしました。遺伝子の中の一カ所の塩基がＡであるのが日本人など東アジア系の民族に多い乾いたタイプの遺伝子であり、その塩基がＧであれば、湿ったタイプとなります。薬剤耐性に関しては、湿ったタイプであるＧの塩基を持つ遺伝子のほうがより強い機能を示すことも実験でわかっていますが、この事実と乾いたタイプが東アジアとその周辺の地域で多く見られることの関係については今後の検討課題と言えましょう。

日本人などアジア系の人は、黒くて太いしっかりとした毛髪をしているのに対して、ヨーロッパ系などの人たちは、細くてやわらかい髪質をしているとよく言われます。この違いも、実は遺伝子・ＤＮＡの違いであり、また日本人起源の問題とも関わっているらしいことがわかりつつあります。毛髪の太さに関わっている遺伝子の一つが、ＥＤＡＲであることは、２００８年に藤本明洋博士らと徳永勝士博士らのグループが日本人や東南アジア人を対象とした研究で明らかにしました。ＥＤＡＲは元来、胚（個体発生において、受精卵が分裂して胎児と呼べる状態にいたるまでの段階）の発生分化に関わる遺伝子として知られていましたが、髪質にも関係していることがわかり、一カ所の塩基がTかCかで、毛髪の太さに影響があることが報告されました。それぞれをTタイプ、Cタイプと呼びます。Cタイプが毛髪を太くする遺伝子のタイプであり、アジア人に多いことがわかりました。さらに鎌谷直之博士のグループは同じ年に日本人7001人を対象とし、約14万か所にもわたるDNA変異部位（SNPS、単一塩基多型）を分析した結果、日本人は沖縄の人たちと本土日本人の二つのグループに分けられることを明らかにしましたが、その二つのグループを分ける要因の一つがEDARの遺伝子の違いでした。すなわち、沖縄の人たちにTタイプが多いのに対して、本土日本人はCタイプが多いということです。さらに調査研究が必要ではありますが、「細い毛髪をしていた縄文人」と「いかにもアジア人的な太い毛髪をしていた渡来系弥生人」とが混ざりあって日本人が形成されたというストーリーが成立するかもしれません。

その他皮膚色に関する遺伝子も特定されつつあり、見てわかるような特徴に関する遺伝子を中心として、日本人の起源・成立を考察できる日も近いことと思われます。

第10章

これからの人類

第10章 これからの人類

自然人類学は、これまで述べてきたように、おもに過去の人類や現在の人類を研究対象にして、人類の進化の歴史（由来）や、他動物とは違う人類独自の特徴（本質）、人類内部にある多様性（変異）などを明らかにしてきました。

しかし、「温故知新」の言葉通り、現代の自然人類学は、人類に関する過去から現在までの研究成果を基に、さらに人類の未来についても考えています。むろん、未来については実際にまだ起こっていないことなので、実証的な研究はできないし、はっきりしたことは言えませんが、これまでの研究成果を踏まえて科学的推論をしてみることは、ある程度許されるでしょう。

本章では、長年自然人類学を研究してきた著者たちが、人類の未来についてどのような考えを持っているのか、その一端を紹介してみたいと思います。

身体の進化について（富田）

人類進化史においては、人類の身体に一連の形態変化が見られました。その変化の傾向から見て、今後の人類の身体の形態は、どのような方向に変化していくでしょうか。若干の想像をしてみましょう。

頭部は脳部と顔面部より成りますが、脳部は短頭化現象が進んで球形に近づき、顔面部は退化縮小していくと思われます。首から下の身体部分については、直立姿勢への特殊化が進めば、下肢長が増大して身長が高くなると思われます。また、足指は小指のほうからもっと短く退化し、親指や足底のアーチ構造、踵骨は逆に発達して、足は全体として、さらに固い構造になるかもしれません。

しかし、未来の生活が直立よりも座位姿勢のほうが主になれば、直立姿勢への特殊化は止まり、下肢は柔らかい自由な運動をする器官へと変化するかもしれません。同じことが脳部や顔面部についても言えるわけで、全く家畜的な生活を送るような社会になれば、脳はかえって退化するでしょうし、文明が崩壊して粗い食べ物を摂る生活になれば、顔面部は頑丈な構造に戻るでしょう。すなわち、どのような生活をするかで、身体の変化が左右される可能性があります。

人類の生活の特徴は、文化を有することです。人類は文化を持つ生活に変化することによって、他の動物とは違う存在になりました。文化のある生活は波状的に発展していき、生活の変化は逆に身体を変えました。人類はその過程で、環境を人間のもの、人間化(humanization)してきました。環境の人間化は文化の特質の一つであり、人類はそれを推し進めた結果、文化を文明という段階にまで押し上げ、都市を造ったのです。

都市文明の発達は、地表上の様々な自然環境や、海底、地中、宇宙環境への居住を可能にし、長い年月が経てば、そこに住む人々の身体を変化させるでしょう。そして、多種多様な人類を生み出すでしょう。その時、人類の新たなる進化が始まるのです。

その中には、低酸素や低重力に適応した身体を持つ人類や、多様な姿形をした人類が含まれるかもしれません。あるいは、自らが生み出し、発展させた文化的人工物と合体融合した身体を持つ人類さえ生まれるかもしれません。その時には、人類はもはやホモ・サピエンス一種だけではなくなるのです。

人類を大きな集団として見た場合、進化の徴候は、新しい身体的特徴を持ったごく少数の人々に現れるでしょう。その時、残りのほとんどの人は、元の古い特徴のままの人々で

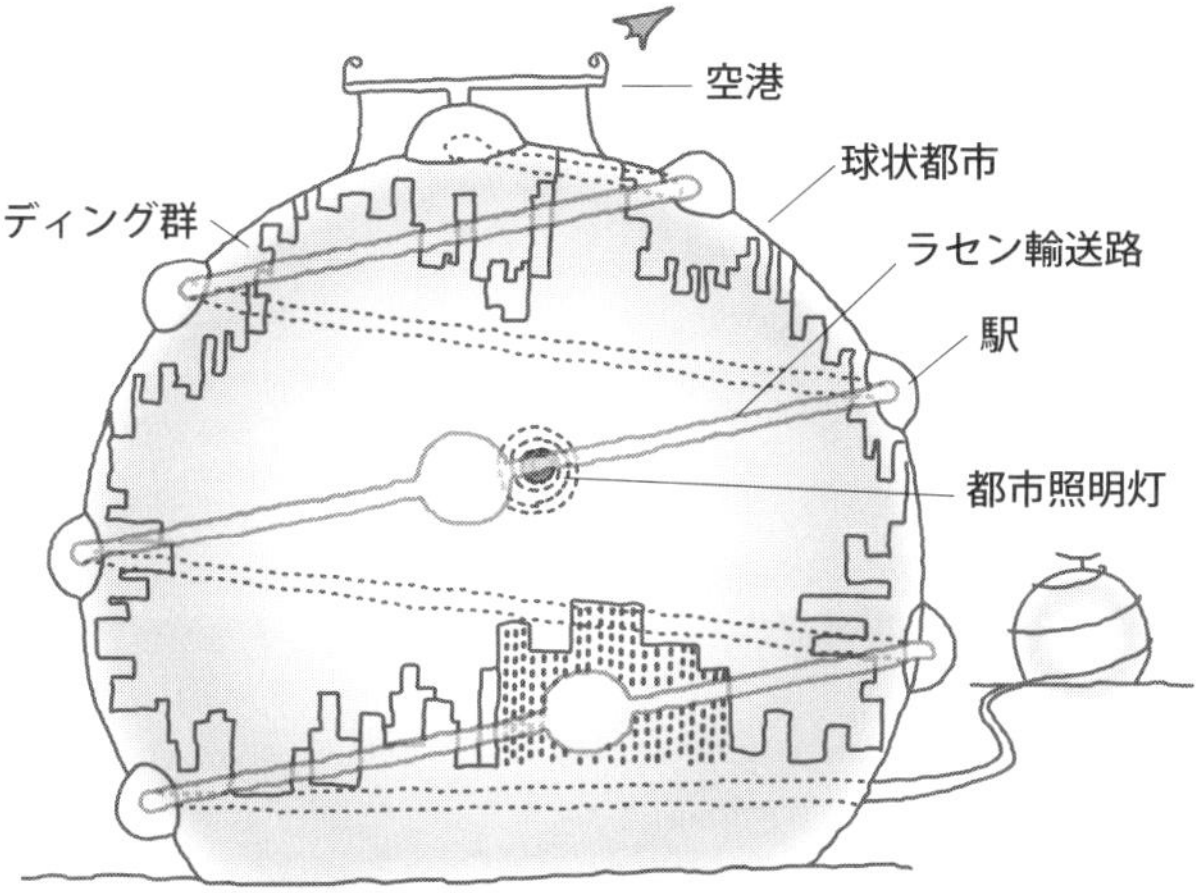

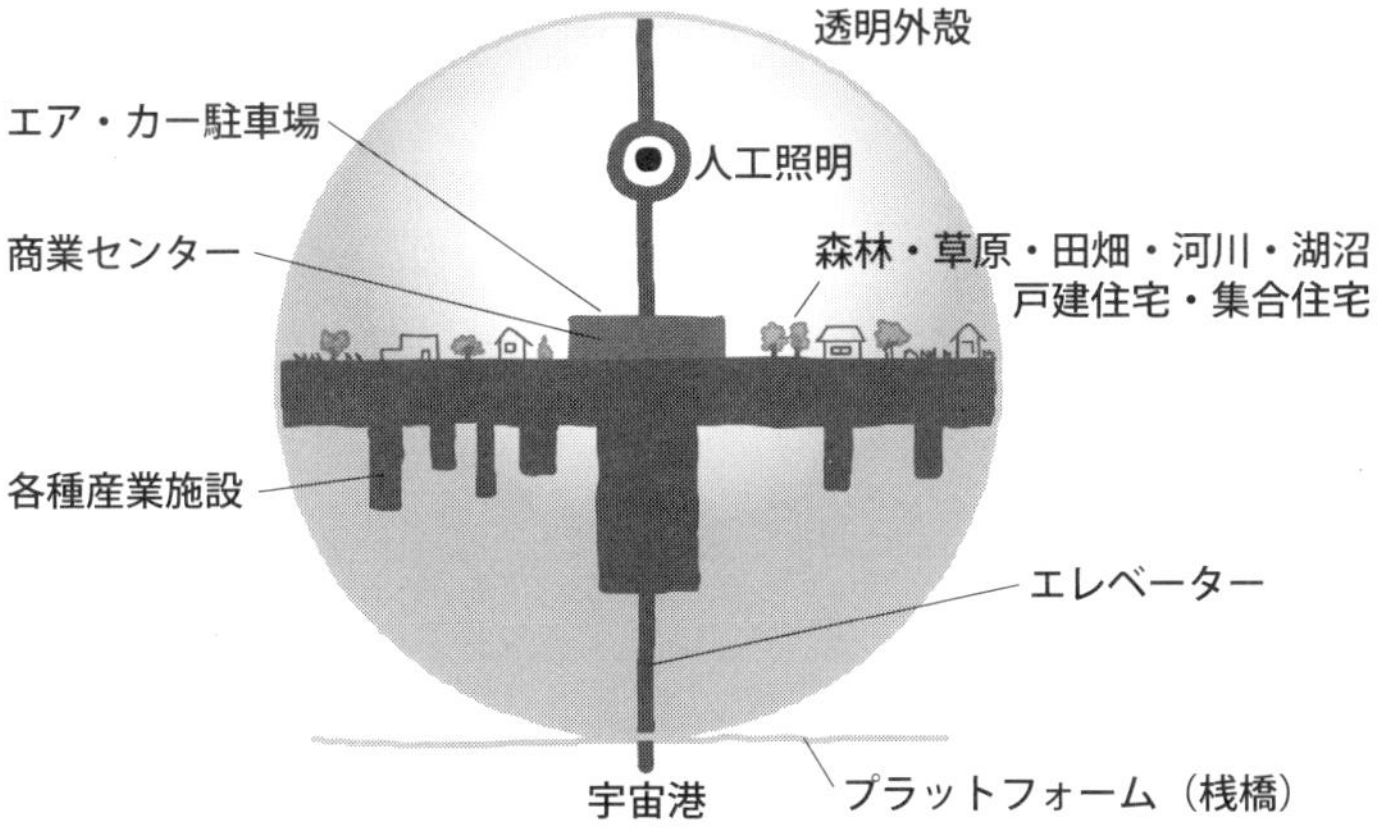

図10・1　超都市（上図）と宇宙都市（下図）の想像図です。

す。そのうちに、新しい特徴を持った人々がしだいに増えてきます。一方、古い特徴を持つ人々はだんだん少なくなってきます。集団は、新しい特徴を持ったプログレッシヴ・タイプから古い特徴を持ったプリミティヴ・タイプまでの、さまざまな人が混在した状況になります。そして、ついにほとんどの人が新しい身体的特徴を持つプログレッシヴ・タイプになった時、集団全体が進化したと考えられるのです。進化が進んでいる途中において、プログレッシヴ・タイプの人は憧れの目で見られる場合もあるでしょうが、逆に、新しい特徴が嫌われて、差別や排斥を受ける場合があるかもしれません。

文明と脳の進化について（富田）

人類は数百万年かけて、高等霊長類段階（いわゆるサル段階）からホモ・サピエンスにまで進化しました。ホモ・サピエンスの持つ文化は、長い採集狩猟文化の段階を経たあと、文明という文化段階まで達しましたが、文明はその本性に従って急速に発達し、複雑になっていきました。そして、人類の身体能力、特に脳機能が、高度に複雑化した文明文化に十分適応できなくなった時、社会は多くの問題を内部に抱えることになりました。その後、自然環境の激変や外敵の侵入などをきっかけにして、活力と耐久力を失った文明は、あっという間に崩壊したのです。

これまでの人類文明は、何度も発達と崩壊を繰り返してきました。その原因については、自然環境の悪化とか、内外に蓄積した社会的問題点、あるいは文明そのものが持つ本質などに求められてきましたが、私はレベッカ・コスタ（Rebecca Costa）と同じく、これまでのホモ・サピエンスとしての人類の身体能力、特に脳の働きが、高度に発達し複雑化した文明に十分ついて行けないからではないかと考えています。

したがって、これからの人類は、複雑に発達する文明を十分制御できる脳機能を持たなければなりません。すなわち、私たちはこれまでのホモ・サピエンスよりも、もっと脳が進化した人類にならなければならないと思うのです。実際には、現在の人類の脳には、高度な文明に適応する方向への進化が徐々に起きていると考えられますが、脳の進化は極めて緩やかなので、現在の進化段階の脳では急速に発達する文明に十分追いつけなくなっているのかもしれません。

では、脳の緩やかな進化速度に合わせて、文明発達を遅らせたらどうでしょうか？　文明発達を抑制するという考え方です。それも一つの考え方ですが、多くの人は、文明を遅らせることはとうていできないし、再び未開的な生活や、素朴な生活に戻ることは嫌だと言うでしょう。

それでは、文明の発達に合わせて脳の進化を速めるという考え方はどうでしょうか？しかし、人類に人為的な遺伝子操作を加えることはできません。文明の発達に合わせて脳の進化が急速に進むようにするには、人類が新しい環境に進出することが一つの解決策だと思われます。すなわち、人口増大によって狭く住み難くなった地表を離れ、別の所に居住圏を開拓するのです。その場合、脳のみならず身体のほうも大きく進化するでしょう。

地表でない別の所としては、空中や地中、海中などがありますが、実際に現在人類が目指している場所は宇宙です。宇宙はいろいろな面で極めて生存に厳しい所ですが、人類はそれを克服する文明を発達させている途中です。そして、人類は宇宙環境への適応過程で、急速に新しい進化段階に到達すると思われます。

宇宙環境に適応した人類種族は、もはやホモ・サピエンスではなく、ホモ・コズミクス(*Homo cosmicus*)という別の種になると思われます。また、宇宙環境に生きる人類は、まず地球の水中環境で、次に地球の陸上環境で発展した脊椎動物の長い進化史において、さらなる進化へと向かう初期型生物として位置付けられるでしょう。

文明の発達を利用して進化を速めるもう一つの解決策があります。これまでの人類は、身体能力の不足を文化で補ってきました。それは広い意味での道具の使用です。道具には、身体器官の補助物または延長物と考えられるものがたくさんあります。そして、身体の中でも最も複雑で高度な器官である脳の補助物や延長物としての道具も作り出されました。それが、人工頭脳すなわちコンピューターです。現在では、手足などの運動器官や眼や耳などの感覚器官の働きを持つ諸道具にも、小さな制御脳（コンピューター）が入っていますが、人類の脳そのものも、道具としてのコンピューターによって補助されるようになりました。

その傾向は今後ますます発展すると思われますが、現在はまだ原始的段階にあると思われます。もっと素晴らしいコンピューターが開発されなければなりません。すなわち、脳とコンピューターが今よりももっと密接に繋がるようになってほしいのです。極端に言うと、自然の産物である脳と、文明の産物であるコンピューターを一体化するのです。そして、左脳および右脳の働きをコンピューターで補助することによって、左右それぞれの脳ではもはや追いつかなくなった膨大なデータの処理や分析、統合などを行なうのです。それには、大量のデータ処理や分析、統合能力を持ち、優れた考察や結論が得られる小型コンピューターの開発が必要です。また、各種のシミュレーションを行なって、最も妥当な判断や意思決定、行動などができるように補助する、超コンピューターの開発も望まれます。さらに、脳との円滑なインターフェイスを開発することも必要です。するべきことはたくさんあると思います。

このような成果を基に、私たちは自分の上位脳（進化的に最も新しい前頭葉や側頭葉の一部）を活性化するといいと思います。その結果、大局的な見方や長期的な見方、ひらめき思考などがたえずできるようになるでしょう。その時、人類の脳は急速に複雑化する文明の発達にうまく対処できるようになり、周期的に文明の崩壊が起きる宿命から脱却できるかもしれません。そして、人類は上位脳をよく使う生活の中でその脳部位が発達し、ついには進化した脳を持った種族になると考えられます。その時代の人類こそ、ホモ・コズミクスなのかもしれません。

なお、人類は宇宙進出の過程で、道具としてのロボットをたくさん使うことになると思われます。生存が厳しい環境では、ロボットのほうが有能だからです。その場合、巨大サイズの人型ロボット（身長10メートル程のものや、50とか100メートル程のもの）がとても役に立つと思われます。さまざまな力作業を行なえるからです。また、このような巨大ロボットは、地球上でも、大災害の時などには非常に役に立つでしょう。

いずれにせよ、人類が宇宙に進出した時、安全な居住環境の維持や労働現場での円滑な作業、快適な衣食住の生活などのために、各種の大小ロボットが欠かせなくなると思われます。設置型のロボットは、ニーズに合わせてどんな形や大きさでもいいですが、移動しながらさまざまな作業をこなすロボットは、人間の姿形に似たものがいいと思います。また、機器の保守点検や人間の世話などには、私たちと同じ身長の人型ロボットが多数使われることになると思われますが、日本は人型ロボットを作る技術が最も優れている国として、高い評価を受けることになるでしょう。

異重力環境における人体（真家）

人類に限らず、生物は環境に適応して、その形態と機能を変化させていくものですので、近未来の人類を想像する時には、どのような環境に住むことになるかによって、予想される形態や機能は異なります。考えられる近未来環境としては、地底や海中、超々高層ビル（かつて計画されていたような地上4000メートル級、住人数十万人を養う巨大ビルなど）、あるいは人工衛星のような微少重力環境、さらに他の惑星などが考えられます。こうした環境では、酸素濃度や紫外線強度、温度や湿度といった環境要因にどのように適応するかによって、生理機能が大きく変わることが、これまでの本書からの内容からも推測できると思いますが、ここでは、異重力環境で人類がどのように形質変化を起こすかを想像してみる事にします。

シュミット・ニールセンらによりまとめられたスケーリング理論により、地球上の生物は、その質量（まずは体重と思って結構です）により形態も機能も設計されていることが知られています。そこで、スケーリングの式を用い、異重力環境における人類の形態と機能を計算してみることにしました。ここでは、1G（地球の重力加速度）より小さい環境として月面0・167G（地球の重力加速度の約六分の一）、1Gより大きい環境として、木星表面（2・534G）に人類が適応した時の形質について計算してみました（詳しくは参考文献を見てください）。

その結果、全骨格重量については、月面では地球上に比べて14・2％で済むことになり、月面では骨格の脆弱な人類が誕生すると想像されます。新人（ホモ・サピエンス）は、それまでの化石人類と比べ極度に骨量が減少した種なのですが、月面に適応した人類はさらに骨量の少ない生き物となると思われます。また、筋量についても地球上の17・0％で済むことになりますので、月面生活に支障がないにしても、地球人と比較すると運動能力のかなり低下した生き物となると考えられます。一方木星上では、骨格重量は地球上に比べて275・5％と計算され、筋重量は251・1％と計算されますので、かなり頑丈な筋骨格系を持つ新人類が誕生すると想像されます。

脳重量についても同様に計算してみると、月面では地球上に比較して30・7％（地球上で1500ccの脳容積だとすると、わずか460gの脳容積となる）、木星上では184・7％（2770cc）の大型の脳となると計算されますので、脳容積からその機能を一概には言えないとしても、木星上では脳容積の大きな、そしておそらく精神性の高度な人類が誕生するのかもしれません。

機能的な面を見てみましょう。一日のエネルギー代謝については、月面では地球上の26・1％、木星上では200・8％となりますので、木星上では地球上に比較して約2倍の食料が必要になると言えます。

しかし、呼吸系や循環系について計算してみると、この傾向が逆転する項目もあり、例えば毎分呼吸数について見ると、月面では地球上の159・3％と増大するのに対して、木星上では78・5％に減少します。また、毎分心拍数について見ると、月面では地球上に比較して156・4％と増加し、木星上では79・3％と減少します。これらがどのように係わるかは不明なのですが、月面と木星上では異なった呼吸循環系の病気が出現すると想像されます。

温度や湿度、日照量や紫外線など人類がコントロールできる環境要因については、それをコントロールしながら快適環境を目指していくことも可能だと言えますが、重力環境はまだ人間がコントロールできる環境要因ではないので、月面・火星・金星・木星など地球以外の惑星に移住していくことは、魚類が陸上の脊椎動物に進化した時よりも、もっと劇的に、人類にとってきわめて大きな形質変化を余儀なくさせられる環境変化になるであろうと思われます。

遺伝子から見たこれからの人類（針原）

科学技術が進んだ未来に、人間はどうなっていくのでしょうか？

遺伝子治療などの技術が現実化しつつありますので、遺伝子そのものをいじることなどによって、人類はより優れた特徴を持つようになるようになるかもしれないという見方も確かにあると思います。あるいはそこまでやらなくとも、学問・芸術・スポーツなどの能力に関する遺伝子が明らかになることで、それらの分野に有利な遺伝子を持つ子どもをつくるべく、男女の婚姻がコントロールされる状況も生じるかもしれません。実際に運動能力に関するいくつかの遺伝子もわかってきていますので、個人に関する遺伝子管理が今日、明日にも行なわれてもおかしくはない状況ではあります。

懸念されるのは独裁国家や狂信的な宗教のグループなどが、そのような技術や婚姻管理を通じて、人間の「品種改良」的な研究や実践に暴走することです。技術的にはクローン人間は可能となっていますので、独裁者は自分のクローンを後継者にするかもしれません し、遺伝子管理の結果、優秀な頭脳を持つメンバーが多くなったグループが邪悪な意図のもと、世界支配を企てるかもしれません。

しかしながら、遺伝子研究あるいは遺伝子に対する扱いに関しては、ほとんどの国で倫理的な規制がかかっています。それは私たち自身の「そこまでやっていいのか？」という自制の気持ちの表れでもあるでしょうし、自然の摂理にあまりに反する行為を神への挑戦ととらえる人たちが多く存在することも大きな制約として機能していると思われます。人類全体としては、技術や学問は穏やかに応用される方向で進んでいくことでしょう。

現実的に考えられる未来社会像は、進んだ技術を応用して優れた人間を多くつくり出すことではなく、病気などのマイナス要因を極力減らすべく知識なり技術が使われている状態ではないでしょうか。それは現在までの医学・医療などの学問や技術の進歩がそのまま続いていくことでもあります。

具体的には出生前診断が一般化して、染色体異常や遺伝病を持つ子どもが生まれにくくなることや、特定のがんや疾患になりやすい人に対して発症をさせないための予備治療がなされること、老化の進行を遅くする薬や生活改善の指導法が開発され、ほとんどの人が健康なまま年老いていけることなどの夢のような未来が想像できます。

積極的な遺伝子改良や品種改良をめざすような婚姻管理がなされないとしたら、遺伝子自体の変化すなわち進化は起こるのでしょうか。私は人類全体として人口規模がかなり大きくなってしまっていることや、環境に対する適応は遺伝子を通じた体質・体格の変化よりは文化・技術の応用でなされるようになったことなどから、身体の特徴が劇的に変化していくような進化は起こりにくくなったのではないかと考えます。ひ弱で頭でっかちの宇宙人のような未来人の予想図もあるかもしれませんが、人々は常に健康とは何かを考えたり、またスポーツもさかんに行なわれ続け、頑強なアスリートが理想の姿ととらえる人も多くい続けますから、ひ弱で何かに頼らなければ生存できない宇宙人のような姿が未来人であるようにも思えません。

遺伝学の立場で考える進化とは、ある個体に生じた突然変異が種全体に広まっていく過程の繰り返しとなります。しかしながらヒトという種を構成する個体数があまりに大きくなってしまった現代では、ある個人に起きた突然変異が生殖を繰り返しつつ世代を重ねていったとしても、何十億人もの人たちに広がっていくことは考えにくいことではあります。ただし、この状況は何らかの原因で人類が絶滅の危機に陥ったときには異なってきます。核戦争による地球破壊や、感染力が強く致死的な結果をもたらす何らかの感染症の爆発的な流行によって、人類のほとんどが滅び、少数の人たちだけが生き残った場合です。生き残った人が数人から数十人という状況では自然生殖による人口の回復はほぼ絶望的と思われますが、数百人から数千人ほどでしたら種として存続できる可能性はかなり大きくなってきます。また個体数が減ったことで、突然変異が生じてそれが種全体に広がっていくことがかなり容易になると思われます。種全体にさまざまな突然変異が蓄積していく結果、ヒトはやがて別の種へと進化していく可能性すらあります。以上は人類がほぼ絶滅することを前提にしたストーリーですので、あくまでも架空・仮定の話にとどめておきたいものです。

膚《はだ》の色や体格などに見られるいわゆる人種的な特徴はどうなるでしょうか。膚の色の違いに代表されるような体の特徴の違いは、もちろん遺伝子が異なる結果ではありますが、元来はその土地の日射量や気候などへの適応の結果とされています。しかし現代は事実上国境があってないような状態になり、人々は世界中を行き来するばかりでなく、住居も容易に変えますし、また他の国の異性と結婚して子どもをつくることもごく普通の出来事になってきました。「人種のるつぼ」という言葉がありますが、未来の人間はさまざまな人種が混ざりあって一つの大集団となっていくのでしょうか。数万年先、いや数十万年先ならそれはあるかもしれません。しかし、近未来としては、混血的な人は増えても当分は少数派にとどまり、大多数の人はこれまでのような人種の範疇にとどまり続けるように思います。

国際化が進んでも、顕著な変化は特定の地域なり都市部の一部の人たちだけにとどまるでしょうし、混血が生まれるには異なる人種・民族間での婚姻が大前提となりますが、言語や宗教、習慣の違いなどがあって、やはり見た目が近いものどうしの結婚が多くなってしまうことは否定できないと思います。人類全体のるつぼ化は非常にゆっくりとは進行するかもしれませんが、当面は一つの国・地域・都市に混血的な人も含めて、さまざまな身体的特徴や民族的な背景を持つ人々が混在するという、いわばサラダボウルのような状態に移行していくものと考えます。これはアメリカなどの多民族国家では既に実現していることですが、日本などの単一民族国家と考えられている国でもそのような状態になりつつあるようです。

遺伝子から見た未来人というのは、変化とか進化を期待する立場としては案外つまらないのではないかと予想しましたが、実際はどうなるのでしょうか。それよりも私たち人類をとりまく環境がどうなっていくのか、どうあるべきなのかを心配したほうがよいのかもしれません。

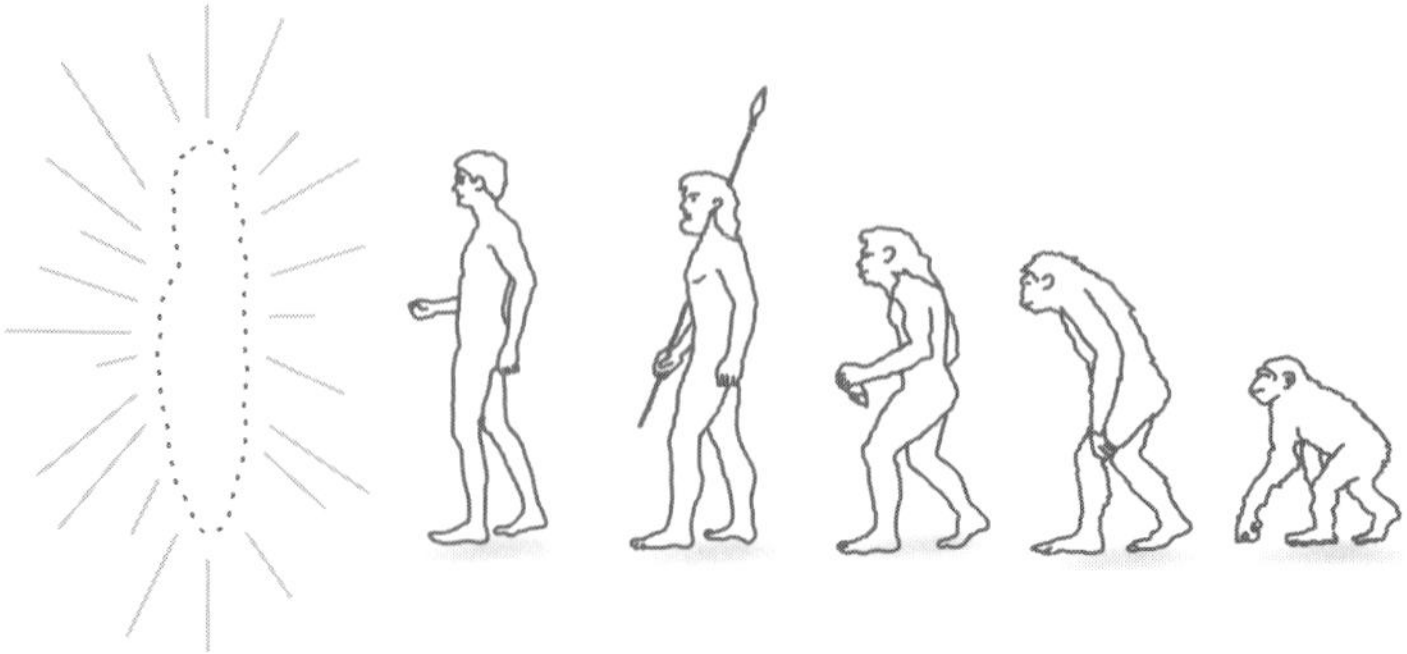

終　章

人類の存在意義とは？

終章　人類の存在意義とは？

私たちは、何のためにこの世に存在しているのでしょうか？　個人的な面では、まわりから期待されていることがあったり、自分がやりたいことがあったりすれば、期待されていることとやりたいことを実現することが自分の存在意義だと思うかもしれません。しかし、人類という種族についてその存在意義を考えた時、私たちは人類が何を期待されているのか、そして人類は何をやりたいのか、を知っているでしょうか？

私たちは人類の存在意義などは考えずに、日々をあくせくと生きています。自分のことばかり考えています。だから、自分の立場をわきまえることの大切さはよくわかっています。それを、しばしの間、自分から自分たちが属する人類へと目を向けてみませんか？　そうすれば、私たちが自分の立場をわきまえるように、人類の立場もわきまえることができるかもしれません。

第一の意義

脊椎動物の進化史では、脳の発達が一貫して見られますが、その中でも、一段と発達した脳を持つ生物が人類です。人類の脳容積は、原人段階で高等霊長類段階（約500ミリリットル）の約2倍（約1000ミリリットル）になり、旧人のネアンデルタール人や新人のホモ・サピエンス段階で、約3倍（約1500ミリリットル）になりました。

人類の発達した脳は、原人段階で石器や火を使う人類特有の生活様式である「文化」を生みましたが、その後、新人段階になると、さらに大きな発達を遂げて、ついに「精神の世界（精神環境）」を獲得したのです。その証拠は、死者の埋葬、人工的副葬品、洞窟壁画、貝のビーズ、小彫像などの存在です。しかし、ネアンデルタール人でも埋葬が見られるので、彼らにもある程度、精神性が発達してきたと考えられています。ネアンデルタール人は、結局、ホモ・サピエンスに圧倒され、絶滅してしまいましたが、ホモ・サピエンスの脳は、その後も発達を続け、文明を生み出し、近年、高度な科学・技術や高い精神文化を生み出してきました。

約1万年前、人類はエジプト、メソポタミア、インド、中国など、世界の数箇所で文明段階の文化に到達しました。その後、約250年前に産業革命が起きて、それ以来、科学・技術が発達し、地球規模の新しい文明時代が始まりました。一方、古来の生活を続けていた採集狩猟民は衰微していったのです。

しかし、人類を「生き物」として見た場合、高度な文化や精神活動、発達した脳がなくても、生き物として充分生きていけるのではないでしょうか？　この高度な科学・技術や高い精神文化は、人類が生き物として生きていくために絶対に必要なものでしょうか？　答えは「ノー」です。それらは、特に必要なものではないように思えます。採集狩猟社会の人たちが、自然とうまく折り合いをつけて生きているのを見ると、疑念を感じるのです。

では、なぜ脳が発達し、文明や精神が発達したのでしょうか。その原因は不明ですが、人類の脳が発達し、生活が文明段階に達し、高い精神文化を持つようになり、ついには高度な科学・技術まで有するに至った流れには、結果として何か意味があるのではないかと思うのです。

すなわち、知的精神に基づく文明の発達は、自己やまわりの環境を理解し、制御する力を人類に与えてくれました。人類は現在、宇宙の法則や生命の働きを次々と解明していま す。そして、私たちは、宇宙から生命までのすべての活動に「自己存続の原理」があることも知りました。また、人類は宇宙や生命の諸力を利用して生活する技術力も発達させています。人類が惑星環境を離れて、宇宙に居住できるようになってきたのも文明の発達のおかげです。

だから、文明がもっと発達すれば、その能力を人類以外の生命体やその他の自然環境の「自己存続」にも役立てることができるし、その能力を宇宙にも活かせるのではないでしょうか？　文明の中でも、特に科学・技術はそういう力を有しています。

つまり、人類は、科学・技術を通して、全生命や宇宙そのものの共通原理である「自己存続の原理」に、究極的に貢献できるのではないでしょうか？　そして、私たちはそれに対して、全力をあげて取り組まなければならないのではないでしょうか？　これが、人類がこの宇宙に存在する理由だと思います。

こういうことが考えられるようになったのは、宇宙が長く続き、生命が長い間進化して、私たちのような知性体が生み出されたからでしょう。地球における唯一の（？）知性体の私たちは、その事実をよく味わうべきだと思うのです。そして、私たちの種族に課せられた責任と役割について、深く考えるべきだと思うのです。

右に述べたことについては、私たちの各人にはそんな実感はないし、そんな重荷を背負うのは真っ平かもしれませんが、冷静に考えれば、これは人類にしかできないことであり、ある意味で人類に課せられた使命、宇宙における人類の存在意義ではないかと考えられます。私たちは、本来、そのために存在し、生活をし、勉学や仕事をしているのではないでしょうか？　だから、それに反する諸々の愚かしいこと、すなわち、地球を汚染や破壊したり、生命の絶滅をもたらしたりするような行為は、即刻やめるべきではないでしょうか？

私たちは、大宇宙と地球の存続と、地球で生まれた生命の進化と発展に感謝し、それに応えるべきです。私たちは、宇宙と生命の「自己存続の原理」に則《のっと》り、これまでの自分を反省し、自然や環境、まわりの人々にたえず配慮しながら、日々を有意義に送るべきです。

しかし、私たちがホモ・サピエンスになって獲得した精神性は、極めて未熟な段階だと思いますし、また、科学・技術も、極めて未熟で、原始的な段階にあると思われますので、私たちが今、しなければならないことは、種族が滅亡しないように努力しながら、精神性や科学・技術力をもっと高めていくことです。また、人類という種族が、宇宙の知的生命体として充分成熟するように努力を積み重ねることであります。

人類は、いずれ超高速空間移動や惑星制御の技術を開発して、太陽系を知的生命体の星系にするでしょうし、さらには、恒星間文明をも築き上げるでしょう。そのためにも、現在における地道な努力が必要だと思うのです。

第二の意義

なお、生命進化史における人類の位置づけについては、もう一つのことが考えられます。これまで、惑星地球の水中と陸上で、初期型から確立型が生まれ、その後発展型の2グループが現れるという進化パターンが二度繰り返されましたが、三度目の生活の場を宇宙と考えると、哺乳類の中の霊長類から進化して宇宙進出を始めた人類が、進化史における第三周期の初期型に当たるのではないかという考えが湧いてくるのです。

昔、水中から陸上に進出した両生類が、空気呼吸ができる肺や身体を支え陸上を移動できる丈夫な手足を獲得したにも関わらず、皮膚を乾燥から防ぎ生殖を遂行するためには、水と縁が切れない生活をしていたのと同様に、宇宙に進出した人類は、自らが生み出した文化としての科学・技術を駆使して宇宙空間で生活ができるようになったのですが、それは、地球環境を宇宙に持ち運ぶ技術によるものであり、外出には宇宙服が必要だし、普段の生活や生殖のためには、地球環境を保っている宇宙船や、居住地の保護ドームなどがどうしても不可欠なのです。だから、人類はいまだに地球という惑星環境と縁が切れていないという点において、陸に進出しながら水と縁が切れなかった両生類と似たような段階にあるように思われるのです。

いずれにせよ、宇宙に進出してそこで生活をし、生殖を行なうようになった人類は、もう今までのホモ・サピエンスではなく、別の種の人類、例えばホモ・コズミクス（*Homo cosmicus*）などの名前がふさわしいでしょうし、また、宇宙で新しく進化した人類は、地球の生命進化史のさらなる発展を担う初期型生物として位置づけられるでしょう。かかる自覚も、私たちにとって重要だと思われます。

追記

それにしても、長らく人類学を研究してきた私のような者が、今になって広く人類を見ることができるようになった時、現在の科学・技術の急速な発達に対して、生身の人類の身体、特に脳の機能が、それについていけない状況になっているのではないかという危惧の念を覚えるのです。すなわち、「もう、ホモ・サピエンスは古い、これでは駄目だ」という思いを強く感じるのです。この考えはまったく新しいものではなく、すでに何十年も前に、京都学派の人たちによって、今後は精神の進化が望まれると言われていたことに近いと思います。違う点は、当時はある程度夢と希望を込めて語られたのに対し、現在の私たちは、人類絶滅の強烈な危機感を持って語っている点です。

過去5億年間は生物の化石がよく残っているので、かなり詳しい進化の様子がわかっていますが、この間の生物のタイプは、大きく3種類に分けられます。そして、タイプが変わる境目には大絶滅があります。

約6500万年前の、爬虫類が栄え裸子植物が主流だった中生代から、鳥類や哺乳類が栄え被子植物が主流になった新生代への境目を造った原因は、大隕石の落下と関係付けられています。また、もっと古く、古生代と中生代を分ける境目の約2億5000万年前にも大規模な絶滅があったようです。海に棲む動物の96％が絶滅したそうです。その原因はまだよくわかっていませんが、その頃の地層に酸素欠乏の証拠があるのは確かです。なお、それ以前にも時折大絶滅があったと言われています。

ところで、近い将来、自然現象による大絶滅があるかどうかは、現在の科学ではまだまったく予測不能です。しかし、少なくとも人類が引き起こす大絶滅の原因を私たちは予想することができます。それは、核爆弾やその他の兵器を使った戦争や原子力施設の事故による生命破壊や放射能汚染であり、その他の地球的規模の環境汚染や環境破壊でありま す。これらの、人類の活動に責任がある大絶滅の原因は、絶対に造ってはなりません。もし大絶滅が起きれば、生命進化史の第二周期に属する多くの生命体が失われ、貴重な人類の精神的・物質的文化遺産も失われるでしょう。そして、人類が第三周期の初期型に進化する夢も失われてしまうでしょう。私たちはそうなってほしくないと思っています。

では、どうすればよいのでしょうか？　地球全体とか、人類全体、生命全体という視点が大切なのは確かです。それには、大所高所から見たり考えたりできる人物を造り出す教育が必要です。すなわち、教育によって、人類の脳の上位機構が活性化されなければなりません。宇宙から地球を眺めるだけでも効果があるかもしれません。そして、私たち一人ひとりが地球と生命体を守る活動をするべきです。また、平和を目的とした科学・技術の進歩にも貢献するべきであります。

なお、これまでの重要な人類進化（人類の起源、原人、旧人、新人の起源）は、すべてアフリカで生じたわけですが、そのルーツであるアフリカの人びとが、戦乱で大量に虐殺されたり、飢餓やエイズその他の原因で、非常に苦しんだりしています。それらのニュースに接するたびに、人類の故郷が荒廃し、人類進化の源泉が根元から枯れていくような気がしてなりません。この問題も、解決が必要だと思います。

さくいん

推薦図書

全体的な参考書

◎富田 守、真家和生、平井直樹『生理人類学―自然史からみたヒトの身体のはたらき―』、(第二版訂正版)、朝倉書店、1999

◎真家和生『自然人類学入門―ヒトらしさの原点―』、技報堂出版、2007

◎葭田光三『自然と文化の人類学』、八千代出版、2004

学問論

◎富田 守、松岡明子（編）『家政学原論―生活総合科学へのアプローチ―』(第一章、1～32頁)、朝倉書店、2001

宇宙の起源

◎ Lee Smolin : The Life of the Cosmos. Oxford Univ. Press, 1997.
[邦訳] リー・スモーリン（野本陽代 訳）『宇宙は自ら進化した―ダーウィンから量子重力理論へ―』、日本放送出版協会、2000

◎佐藤勝彦（編著）『宇宙はこうして誕生した』、ウェッジ（ウェッジ選書)、2004

地球科学

◎丸山茂徳、磯崎行雄『生命と地球の歴史』、岩波書店（岩波新書)、1998

生物進化

◎ George Gaylord Simpson : The Meaning of Evolution ―A Study of the History of Life and of Its Significance for Man. Yale Univ. Press, Rev. ed. 1967. [邦訳] G・G・シンプソン（平沢一夫、鈴木邦雄 訳）『進化の意味』、草思社、1998

◎三木成夫『ヒトのからだ―生物史的考察』、うぶすな書院、1997

◎Michael Boulter : Extinction ― Evolution and the End of Man. Fourth Estate,

London. 2002. [邦訳] マイケル・ボウルター（佐々木信雄 訳）『人類は絶滅する 化石が明かす「残された時間」』、朝日新聞社、2005
◎ Edwin H. Colbert, Michael Morales, and Eli C. Minkoff : Colbert's Evolution of the Vertebrates — A History of the Backboned Animals Through Time. Fifth Edition, Wiley-Liss, Inc., 2004. [邦訳] E・H・コルバート、M・モラレス、E・C・ミンコフ（田隅本生 訳）『コルバート脊椎動物の進化』（原著第五版）、築地書館、2004
◎佐藤矩行 他『シリーズ進化学1　マクロ進化と全生物の系統分類』、岩波書店、2004

人類進化

◎ Richard G. Klein & Blake Edgar : The Dawn of Human Culture. John Wiley & Sons, 2002. [邦訳] リチャード・G. クライン、ブレイク・エドガー（鈴木淑美 訳）『5万年前に人類に何が起きたか？ 意識のビッグバン』、新書館、2004
◎ NHK「地球大進化」プロジェクト（編）『NHK スペシャル地球大進化―46億年・人類への旅―　6. ヒト 果てしなき冒険者』、日本放送出版協会、2004
◎三井 誠『人類進化の700万年―書き換えられる「ヒトの起源」』、講談社（講談社現代新書）、2005
◎海部陽介『人類がたどってきた道 “文化の多様化”の起源を探る』、日本放送出版協会（NHK ブックス）、2005
◎齋藤成也 他『シリーズ進化学5　ヒトの進化』（第一章、13～64頁）、岩波書店、2006
◎ Mike Morwood & Penny van Oosterzee : The Discovery of the Hobbit — The Scientific Breakthrough That Changed the Face of Human History. AM Heath & Co. Ltd., London. 2007. [邦訳] マイク・モーウッド、ペニー・ヴァン・オオステルチィ（馬場悠男 監訳、仲村明子 訳）『ホモ・フロレシエンシス 1万2000年前に消えた人類』（上、下）、日本放送出版協会（NHK ブックス）、2008

◎溝口優司『アフリカで誕生した人類が日本人になるまで』、ソフトバンククリエイティブK・K・(ソフトバンク新書)、2011

環境適応
◎中山昭雄(編)『温熱生理学』、理工学社、1990
◎関口千春 他『宇宙医学・生理学』、社会保険出版社、1998
◎山﨑昌廣、坂本和義、関邦博(編)『人間の許容限界事典』、朝倉書店、2005

脳機能
◎ Wilder Penfield : The Mystery of the Mind. Princeton Univ. Press, 1975.
[邦訳] ワイルダー・ペンフィールド(塚田裕三・山河宏 訳)『脳と心の正体』、法政大学出版局、1987
◎ Mark F. Bear, Barry W. Connors & Michael A. Paradiso : Neuroscience : Exploring the Brain, Third edition. Lippincott Williams & Wilkins / Wolters Kluwer Health, 2007. [邦訳] M・F・ベアー、B・W・コノーズ、M・A・パラディーソ(加藤宏司 他 監訳)『神経科学—脳の探求—』、西村書店、2007

人類遺伝
◎斉藤成也『DNAから見た日本人』、筑摩書房(ちくま新書)、2005
◎中堀 豊『Y染色体からみた日本人』、岩波書店(岩波科学ライブラリー)、2005
◎篠田謙一『日本人になった祖先たち』、日本放送出版協会、2007

未来論
◎マモル・富田『アルカイック・スマイル—人類は恒星間文明を担えるか?—』、文芸社、2009
◎マモル・富田『宇宙に羽ばたく』、文芸社、2010
Rebecca Costa :The Watchman's Rattle : Thinking Our Way Out of Extinction, Vanguard Press, division of The Perseus Group, 2010. [邦訳] レベッカ・コスタ(藤井留美 訳)『文明はなぜ崩壊するのか』、原書房、2012

著者略歴

富田　守（とみた・まもる）

1937年生まれ。長年お茶の水女子大学に勤務した。
人類の諸特徴について研究。

真家和生（まいえ・かずお）

1952年生まれ。現在大妻女子大学博物館勤務。
ヒトの身体の生理学的研究。

針原伸二（はりはら・しんじ）

1958年生まれ。現在東京大学大学院理学系研究科人類科学講座勤務。
ヒトの遺伝学的研究。

学《まな》んでみると自然人類学《しぜんじんるいがく》はおもしろい

2012年9月25日　初版発行

著者	富田《とみた》　守《まもる》・真家和生《まいえかずお》・針原伸二《はりはらしんじ》
カバーデザイン	B&W+
DTP・CUT	DEN KAERUKOVA

発行者	内田眞吾
発行・発売	ベレ出版 〒162-0832　東京都新宿区岩戸町12 レベッカビル TEL. 03-5225-4790　FAX. 03-5225-4795 ホームページ　http://www.beret.co.jp/ 振替　00180-7-104058
印刷	株式会社　文昇堂
製本	根本製本株式会社

ISBN 978-4-86064-331-7 C2045　　編集担当　坂東一郎